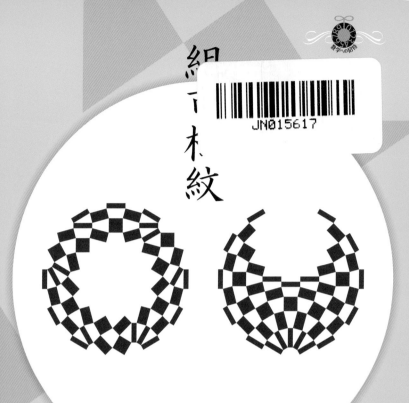

　歴史的に世界中で愛され,日本では江戸時代に「市松模様」として広まったチェッカーデザインを,日本の伝統色である藍色で,粋な日本らしさを描いた.形の異なる3種類の四角形を組み合わせ,国や文化・思想などの違いを示す.違いはあってもそれらを超えてつながり合うデザインに,「多様性と調和」のメッセージを込め,オリンピック・パラリンピックが多様性を認め合い,つながる世界を目指す場であることを表した.(TOKYO2020公式ウェブサイトより)

　デザイナー野老朝雄氏による2020年夏季オリンピック・パラリンピックエンブレムは,そのデザイン過程において,数学の力が注がれています.第2章「敷き詰めの数学」(那覇西高等学校での講義)にて取り上げています.

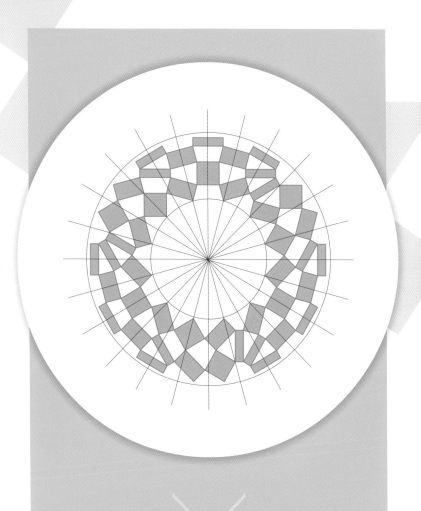

　デザインを観察すると，3種類の長方形（うち1種類は正方形）が組み合わされていることがわかります．ガイドとなる2つの補助円と，15°刻みの放射状のガイドラインを入れました．ガイドラインを使って，各々の長方形の「向き」を観測してみましょう．（P72）

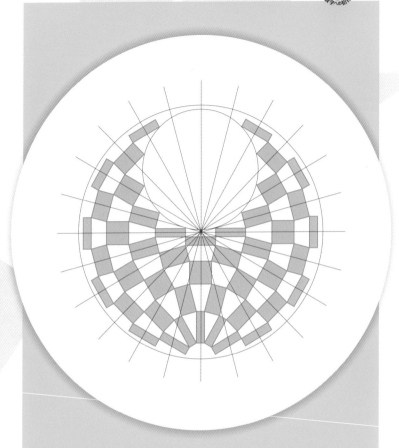

オリンピックエンブレム（左）とパラリンピックエンブレム（右）では，使用されている3種類の長方形の個数と向きが一致していることがわかります．どのように設計すると，このような調和のとれたデザインを実現することができるのでしょう．(P73)

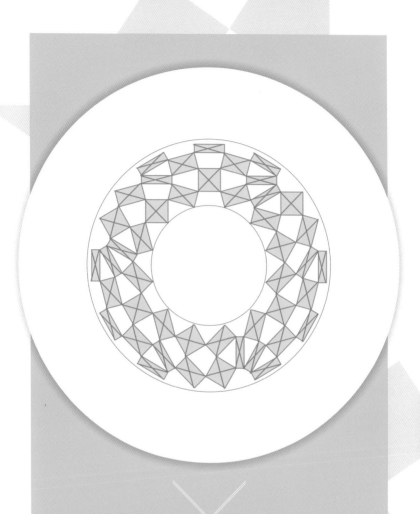

　3種類の長方形の形はどのように決定されているのでしょうか.
すべての長方形に対角線を入れると, そのヒントが得られます. すべて
の長方形において, その対角線の長さが一致していることがわかりま
す. また, 対角線のなす角を観察すると, $30°$, $60°$, $90°$ の3種類になっ
ていることもわかります. (P76)

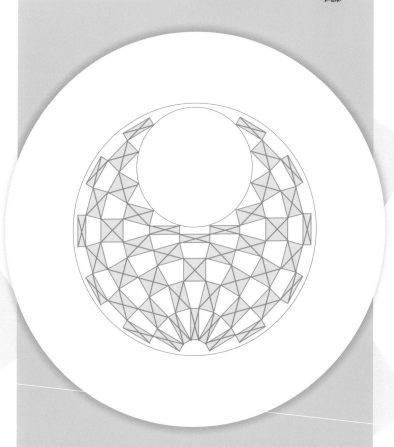

つまり，すべての長方形は，同一の円に内接するのです．さらに，2つの長方形が向かい合って接触している接点をはさんで，2本の対角線が平行になっていることが見てとれます．この関係は，あらゆる場所に見られます．（P77）

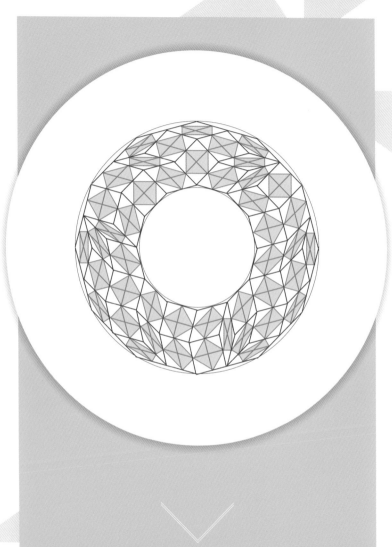

平行な対角線（緑色）にはさまれた頂点を通る，同じ長さの辺（赤）を書き込んでいくと，全体として菱形（赤）が敷き詰められていきます．(P78)

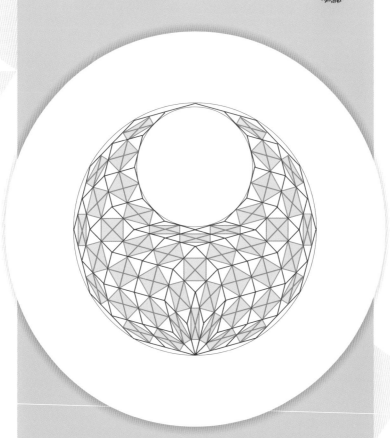

　長方形の対角線のなす角が30°, 60°, 90°の3種類であったことから, 菱形の頂角も30°（と150°）, 60°（と120°）, 90°（正方形）の3種類となっています.（P79）

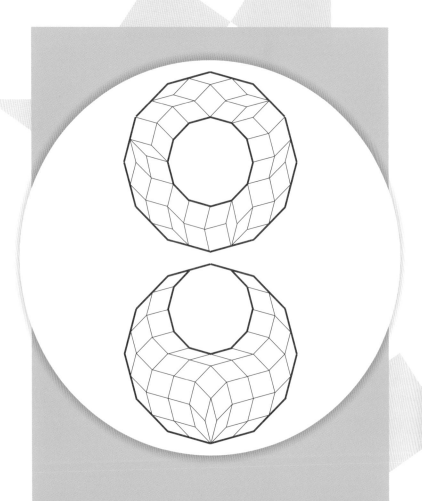

最後に組市松紋を抜いてみると，2つの正12角形（太枠）の間に菱形が敷き詰められていることがわかります．(P82)

味わう数学

世界は数学で
できている

$1+x$		1	1				
$(1+x)^2$		1	2	1			
$(1+x)^3$		1	3	3	1		
$(1+x)^4$	1	4	6	4	1		
$(1+x)^5$	1	5	10	10	5	1	
$(1+x)^6$	1	6	15	20	15	6	1
$(1+x)^7$	1	7	21	35	35	21	7	1

数理哲人=著

$$\int_x^0 f(t)\,dt = \int_x^0 \frac{ke^{kt}}{e^{kt}+k-1}\,dt = \int$$
$$= \Big[\log(e^{kt}+k-1)\Big]_x^0$$
$$= \log k - \log(e^{kx}+k-$$
$$= \log \frac{k}{e^{kx}+k-1}$$
$$\lim_{x\to-\infty} e^{kx} = 0 \qquad \lim_{x\to-\infty}\int_x^0 f(t)\,dt =$$

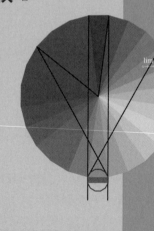

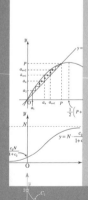

技術評論社

江戸時代，関孝和らが活躍していた和算の時代，数学の担い手は都市部に居住する身分の高い者がほとんどであったという．

江戸時代の後期になると，諸地方の商家や農家などからも数学に熟達した者が多く現れるようになった．この要因のひとつとして「遊歴算家」の存在が寄与していたと言われている．日本各地を歩きまわり，行く先々で数学の教授を行った数学者たちが，数学を学ぶ喜びを人々に解放したのである．

はじめに

　このたびは，本書「味わう数学」を手に取っていただきありがとうございます．私は，遊歴算家（旅する数学者）をしている，数理哲人と申します．日ごろは，首都圏で算数・数学専門の教室を営みつつ，私立高校に講師として勤務をしています．昭和から平成・令和にかけて，数学の指導を続けている者です．

　休日になると，日本各地に飛んで，講演や集中講義をして，日本中の高校生たちと切磋琢磨をしています．そうした場では，数学の「正しい学び方」を伝えることを，主な任務としています．また，ご依頼いただく講演によっては「世界は数学に満ちている」という主張をしています．最初はなかなか信じてもらえないのですが，さまざまな例を挙げて説明をしていくと，「本当だ，世界には数学が隅々まで満ちて沁み渡っているのだ」ということを納得してくれます．

　この本は，ひとつの数学観を伝えるものですが，学校の成績を上げるとか，受験で勝つための勉強をするとか，そういうことを目的にしているものではありません．数学というものが，人類にとって，文化にとって，どのような営みであるのか．それを，私のレンズを通した形で，皆さんにお伝えしていく本を著しました．

折しも，中等教育では学習指導要領が改定されるタイミングであり，文部科学省は「主体的・対話的で深い学び」に向けた授業改善を，というスローガンを打ち出しています．それは，文部科学省に言われるまでもなく，私は長年続けてきたことであります．日本各地で高校生たちと触れ合う中で，それを実行してきた記録の中から，5 つのテーマの講演を文字に起こして本書に収めました．講演は最近 2 年あまりの間に福島県と沖縄県の 5 つの高校で行ったものです．2020 年からの新型コロナウィルス感染症の騒動により，私の地方巡業は制約を受けてしまいました．そのような中でも私を呼んでくれた数少ない地域での講演の機会には，大切に準備をし，心を込めてお話をしてまいりました．そのような記録の中から，5 つの内容をお届けしたいと思います．

　第 1 章（音階の数学＠福島高校）は，コロナ以前の 2019 年 3 月に「実験数学」と題する講座を実施したときのものです．単に机の上の理論を頭でっかちに学ぶということではなく，実験し，体験し，経験し，仮説を立て，理由を考えるという体験を重視した講座を，梅光仮面（福島高校）とともに実施しました．紀元前にピタゴラスは，1 オクターブのスケール（音階）の周波数を，有理数比で組み立てるということを行いました．私の趣味であるロックの演奏で使っているエレキギターやエレキベースを教室に持ち込んで，平均律音階とピタゴラス音階について考察を深める講義内容です．なお，「実験数学」講座全体としての実践報告は，『現代数学』（ 2019 年

10 月号〜11 月号）に「実験数学」実践報告〜福島高等学校襲撃日記（梅光仮面＆数理哲人）として掲載しています．関心をお持ちいただける方には，本書と併せてご一読いただけると幸いです．

　第 2 章（敷き詰めの数学＠那覇西高校）は，東京オリンピック・パラリンピックのエンブレムについて，数学的仕掛けを見破ろうという講義です．もともとは，第 1 章で取り上げた福島高校「実験数学」講座の続編として，2020 年 3 月に予定していたものでした．しかしそれは，新型コロナウイルス感染症に伴う「全国一斉休校」の時期と重なることで無期限延期となってしまいました．また同じ 3 月には東京オリンピックの延期が決まったため，準備していた講座の内容が宙に浮いてしまうこととなってしまいました．結構な時間と手間をかけて準備した講座であったので，どこかでお話をする機会を探していたところ，沖縄県の那覇西高等学校でこの話題を取り上げる機会が 2021 年 3 月に巡ってきました．日本全国の都道府県の中でも，福島県と沖縄県は日本政府からとりわけ虐げられている両県ということもあり，私の活動領域として大切な位置を占めています．美術作品の中に明示的に数学が取り入れられている例としては，レオナルド・ダ・ヴィンチや，マウリッツ・コルネリス・エッシャーといった画家が有名ですが，現代日本の野老朝雄さんの作品がオリンピック・パラリンピック・エンブレムに採用されたことで，数学を活用した美術作品をまたひとつ知ることができました．

第 3 章（ＳＩＲ方程式＠首里高校）は，新型コロナウィルス感染症騒ぎの最中である 2020 年 9 月（沖縄県の緊急事態宣言が明けた直後）に，首里高校で特別講義の時間を分けていただいたときのものです．新型コロナのような感染症パンデミックの拡散モデルは，すでにケルマック＝マッケンドリックモデル（1927 年）という形で科学者により提示されていました．現在の高校生カリキュラムでは，微分方程式を本格的に学ぶ機会はありませんが，講演の対象が首里高校の理系の高校生たち（数学Ⅲの履修を予定している 2 年生）ということで，一歩前に出るような形で，微分方程式の紹介をしました．講義の中では，離散量に関わる《数列の差分・和分》，連続量に関わる《関数の微分・積分》についての，パースペクティブを与えるような内容から説き起こしました．

　第 4 章（ＰＣＲ検査＠宮古総合実業高校）は，同じく沖縄県で，宮古島に渡ったときの宮古総合実業高校における 2020 年 11 月の講義のアーカイブです．実業系の高校で講演をするということで，できるだけ数式を使うことを避けた，日常と結びついた平易な内容での講義を心がけました．最終的には，日本においてＰＣＲ検査数が非常に少ないことについて，批判的に見てもらうための材料を与えることを目標としました．ちょうど，東京都世田谷区で計画していたプール方式という検査法が話題になっていた時期だったので，これをいわゆる「贋金探し問題」と結びつけて論じました．よく知られた贋金探し問題は，天秤に乗せる回数を少なく押さえ込むことができます．一般の方の予想を超えた回数の少なさは，アルゴリ

ズムの勝利です．プール方式によるＰＣＲ検査も，類似のアルゴリズムであると私は捉えたので，そのような結びつきで話をしました．このような画期的な検査方法を，日本政府・厚生労働省が「ならぬ」と認めていないという現実が，残念なところであります．

　第 5 章（ＲＳＡ公開鍵暗号＠安積高校）で，福島県に戻ってきます．コロナのパンデミックのために，2020 年の一年間は福島県で講義をする機会がなくなってしまいましたが，2021 年の 3 月に，およそ 1 年 3 ヶ月ぶりに福島県での復帰戦の機会が叶いました．福島県教育委員会が，県内のよくある高校生たちのために実施している，福島リーダー育成プロジェクトに参加したときの，私の講義の記録です．お題は「整数」ということで，80 分講義 4 コマの枠が与えられました．クラス分け等を行っているので，主催者からは実質 2 コマ分の講義内容を準備すればよいと伝えられましたが，私は 4 つの異なる内容を準備しました．「ユークリッド互除法」，「中国剰余定理」，「ピタゴラス数」という 3 つの講義を 3 クラスに対して行い，それを踏まえて最後に「オイラーの定理と公開鍵暗号」についての講義を行いました．本章は，そのアーカイブです．17 世紀から 18 世紀にかけての，フェルマー，オイラーという偉大な数学者たちの業績が，現代のインターネット社会におけるセキュリティーに大きく寄与しているというのは，驚きの事実であり，ロマンティックなことだと思います．私のこうした受け止めを，高校生にも伝えられるようにと考えて，講義を行いました．

これら 5 つの講義は，それぞれ冒頭にＱＲコードが付いています．それぞれの講演の元となった，学校での講義映像にリンクしています．なお，本書は書籍として講演を文字に起こすことを行っているため，講義内容に忠実に文字を起こしているわけではありません．書籍にするための若干の編集を施していることをご理解いただき，ＱＲコードの向こうにある講義については，マスクマンの迫力と情熱と臨場感をお楽しみいただくという形で，読者諸兄にご活用いただければ幸いに思います．

　それでは「味わう数学〜世界は数学に満ちている」ということを実感していただけるような，5 つの講義をお楽しみください．

令和 3 年 6 月
覆面の貴講師
数理哲人

味わう数学
世界は数学でできている

第1章　音階の数学
@福島高校

【 2019 年 3 月 16 日に実施した
講演のアーカイブ】

（講義映像はこちら⇑）

〈実験数学講座開講〉

数理哲人：おはようございます！

生徒たち：おはようございます．

哲人：君たち（福島高校 1 年生）とは何度もお会いしてる気がするのだが，ちゃんと授業をするのは初めてのような気もする．私は覆面の貴講師・数理哲人と申します．今日〜明日の 2 日間，どうぞよろしくお願いします．

生徒たち：おねがいします．

哲人：今回はご案内したように，今日〜明日は《実験数学》というタイトルで，できるだけ君たちが作業をしたり，あるいは仮説を立てる．作業をして，データを得て，仮説を立てて，その仮説を数学的に検証する．そういう講座を進めていきたいと思っております．

第1章　音階の数学

さて講義開始にあたって開始のあいさつがあるんだ．講義を開始するにあたって，俺たちこの土曜〜日曜にわざわざ出てきて数学の力を付けて《数学格闘家》として強くなりたいという人？

生徒たち：
（無言でじわっと手が挙がる）

哲人：なんかゆっくり手が挙がるね．格闘家として強くなりたい．今日〜明日で強くなるんだという気持ちを込めて，始業のあいさつをしたいと思うんだ．「おい，このやろ〜」というこの掛け声で，現代日本語訳は「負けないぞ．やり遂げるぞ」「タイトルマッチまで……」タイトルマッチって分かるかな？
　君たちがタイトルマッチを受けるのは 2021 年 1 月タイトルマッチだな．大学入学共通テストでは「主体的な深い学び」というキーワードを聞いたことあるだろう．主体的に学ぶために，仕掛けを用意したんですよ．新しい共通テストでは，日ごろから「主体的な深い学び」をしているかどうかが問われるものとされています．そして翌月に 2021 年 2 月タイトルマッチでは君たちそれぞれ胸に秘めた第一希望の学校があるという人？

生徒たち：（手が挙がる）

第1章　音階の数学

哲人：ある．みんなタイトルマッチに向けて，数学格闘家として強くなりたいんだよな．よし，ソレを声に出して現そう．ご起立を．2021年タイトルマッチに向けて，何と言って「頭に，脳に汗をかくんだ！」せ〜のっ！

生徒たち：おい，このやろ〜

〈弦楽器のフレット〉

哲人：いいね．（ゴング）はい，ありがとうございました．それでは最初のテーマでございます．皆さんの机の上にギターやらベースやらが並んでいると思います．これを使って《音階》というものがどのように出来ているのかを，調べてみようと思います．ちょっと君たちに聞いてみたい．何がしかの楽器を演奏した経験があるって人，どれくらいいる？
それなりに，あるようですね．じゃ，弦楽器経験者はどれくらいいる？
あ，何をやったの？　ギターね．学校でやったと．
おぉ，ベースやってる．
バイオリンか．バイオリンはフレットレス楽器だ．なかなかやるなぁ．ということは，経験者の人たちはこの弦楽器とか音階・スケールがどういう仕組みになっているか，ある程度数学的に把握している？

生徒：ちょっと……

第1章 音階の数学

哲人：「ちょっと」ということは，結構分かっているな．そんな話を今日やってみようと思うんですけど．ちなみに，音楽って中学校ではみんな必修なんですか．はい，必修ね．じゃぁ普通の「ドレミファソラシド」とかは大丈夫だね．

　日ごろ馴染みの音楽においても，数学の成果がふんだんに用いられています．スケール（ドレミファソラシドの音階）は，どのように構成されているのかを考えましょう．プリントの方には，鍵盤の図が付いていますよね．ラの音をAと呼んで，BCDEFGと，名前が付いております．

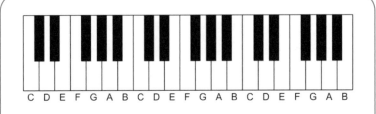

CDEFGAB CDEFGAB CDEFGAB CDEFGAB

鍵盤では，固定されたスケールが予め設定済みである．アナログ楽器（アコスティックピアノやオルガンなど）では，ユーザがスケールをコントロールする余地はない．デジタル楽器（シンセサイザー）の場合は，いくつかのプリセットされたスケールから選択する程度の自由度はあるものの，ユーザがスケールをコントロールする余地は「ほぼ」ない，といえる．

第1章　音階の数学

　弦楽器においては，ユーザがコントロールできる部分としては「チューニング（調弦）」があるものの，ひとたびチューニングを済ませると，フレットのある弦楽器の場合は，演奏上のスケールは固定されて，コントロールできない．バイオリンや三味線のようなフレットレスの楽器は，プレイヤーの裁量の度合いが上がる．

今日は，弦楽器のスケールを決定づける「フレット」の位置が，どのように設計されているのかを実測することを通じて，「スケール（音階）」がどのような構成となっているのかを調べてみることにしよう．

第1章　音階の数学

　（板書の）ギターの図は，演奏者側から，自分が演奏する側から見ています．フレットが打ち込まれていますよね．ここについている「金属の棒」を「フレット」といいます．何も押さえないと開放弦がブ〜ンと鳴ります．一つ押さえると，こうやって半音ずつ音が上がるようになっている．

　ちなみに下から二番目の弦を開放で鳴らすとAの音なんだけど，1オクターブ上がるAの音って何番目（のフレット）か知ってる？　弦楽器を弾いてる人は，1オクターブ上って開放から見て何番目のフレットかな？　学校でギターやったんだよね？

生徒：3時間ぐらいしかやっていないので……

哲人：あ，3時間ぐらいね．実際に楽器を弄りながら，これどうなってるのかなと調べてみてください．ここで解明したいのは何かというと，鍵盤だったらさ，スイッチと一緒だからポンと押したらあらかじめ仕込まれた音が出てきちゃうじゃないですか．だけど弦だと自分でいじくっていく間に音階がどうなってるのかなとか，わかります．あとここ（ペグ）を緩めると音がゆるんで音程が下がったり上がったり，変えられるわけですよね．その辺もいじってもらって構わないので，ここからしばらく《実験・作業》をしてね，音階というのが「ドレミファソラシドの音階がどのようにできているのか」ということを解明したいですよ．

　あまりこちらから講義して，これはこうなっててね，って教えちゃったらつまらないよね．どういう仕組みになっているの

第1章　音階の数学

か，自分たちで調べて考えて欲しいと思います．弦の端っこの
ここ，弦を固定してある場所があるでしょう．ブリッジといい
ます．弦の全長って，このフレット 0 番（ナット）とブリッ
ジの間ですよね．フレットを押さえて鳴らすと，音程が変わる
よね．

　まずは皆さんに調べてみてもらいたい対象は，何がしかの
理論があって，あらかじめ設計されて，フレットの位置という
のが決められているわけですよ．それが一体どうなっているの
か．フレット位置を測定してね，皆さんで測定して「いったい
音階っていうのがどういう風にできてるのか」を，ちょっと
考えて欲しいね．こちらのプリントの方に表がありますよね．
ここに君たちがまず実測してデータを取って，実測したデー
ターが並ぶのでソレを電卓弾いたりしながら，いったい何が
起きてるのかなと．このフレット位置を決定するのに何が起
きてるのかなということを考えて欲しい．

　それからフレット番号は 0 からまあとりあえず 19 くらいま
で番号を付けてあるけど「何を測るか」ということは私から
特に指示はしないので，君たちにやってほしいことは，とにか
くフレットの何をどう測定するかは自分たちで相談して考えて
ください．実際に弄ったり音を出したりしながらね．一応の
目的としては「フレット位置がどのように設計されているの
か」，そしてそこから電卓を弾いて「ドレミファソラシドの音
階が一体どういう風になっているのか」ということを，とにか
く実測しながら，測定しながら突き止めるということをやって
みようと思います．時間は特に定めないので，君たちの様子を
見ながら，またところどころ助言が必要になったら，こちら

18

第1章　音階の数学

から前から喋ったりすると思うんだけれども，やってみたいと思います．じゃあ，ともあれ「何を測るか」も，お互いに話し合ったりしながら，どの距離をどこから測るか，そういうことも含めて各自工夫してやってみてください．じゃあどうぞ．
（ゴング）

Fret				
0				
1				
2				
3				
4				
5				
6				
7				
8				
9				
10				
11				
12				
13				
14				
15				
16				
17				
18				
19				

第1章　音階の数学

〈楽器の何を実測するのか〉

　じゃあちょっと中間報告会ね．皆さんそれぞれ，楽器のどの部分を測定したのか．グループによって測定する場所が違うように見えたんだけど，どうですか．

　フレットの間隔を，この 0 から 1，1 フレットから 2 フレット，……これを順に測定したのね．他には？

　あぁ，0 フレットから n 番目のフレットまでの距離ね．これを測定したと．で，君たちはどこを？

　おぉ，ブリッジからの距離ね．ここからの距離を測ったと．

　いま，どこを測るかというので 3 つの案が出てきたんだな．えーっと (A)ブリッジの間隔を測る，(B) ゼロフレットからの距離を測る，(C) ブリッジからの距離を測るという，いま 3 種類のプランが出てきています．えーっとじゃあ (A) 案の皆さんは，ここ測ると決めた理由はあるかな？

　なるほど，「測りやすさ」ね．そっか，ここを刻んでいくと測りやすいのではないかと，こう考えたわけね．

第 1 章　音階の数学

　じゃぁ，次は (B) 案の皆さんは 0 フレットからの距離を測るのは，どういう考えで？

　そうか，引き算をするとフレット間隔が求められるからね．そうか，引き算か．数学的ですな，なるほど．

　じゃあ (C) 案の皆さんは，どういう風にブリッジから測ろうと考えたのかな？

　あぁなるほど，指で押さえて演奏するときに，実際に弦が振れるのは，この長さが振れているからと．

　いま，それぞれの主張を聞いて，ここは僕の方から「どの案がいい」とはまだ言わないから，3 つの案をお互いに聞いて「あ，これは何か測定する場所を，ちょっと方針を変えた方がいいかも」と考える人たちは，変えてみてもいいと思うし．「いや，俺たちの測定は大丈夫だ」と言う人はそのまま行ってみるということで．一応グループごとにどこを測定するかが，方針が異なっていたので，それぞれ理由を言ってもらいました．じゃまた続行してみようか．

　（ゴング）

　いま質問が出た．フレットの 3 番目，5 番目，7 番目，9 番目，12 番目についている丸い印は何か，ということだよね．この印はね，ポジションマークという．もし印が全くないと「僕はどこにいるんだ」って迷子になってしまう．だから演奏する人が，その印を目印にやっているのです．演奏上便利な目印ということ．だから 12 個全部に印を付けちゃうとさ，意味ないよ．3 番目，5 番目，7 番目，9 番目，12 番目っていうところには，どのギター，ベースもそこに点が付いている．特に

ね，一応ヒントとして 12 番目っていう位置には印が 2 つ付いてるでしょ．12 番目というのは，他のものに比べてその重要度が非常に高い数字なんです．「なぜ重要か」っていうのも考えてくれるといいかなぁ．

　ちなみに，なんか先ほど面白いことを言ってくれてたよね．何かの《仮説》みたいなこと．ちょっと教えてくる？
「n フレットと……」とか先ほど言ってくれていたじゃない．
うんうん．(C)案で測っているんだな……．
おぉ，面白い．いま，みんな，わかった？

　ブリッジから n フレット，例えばブリッジから 5 フレットまでの距離と，$n+12$ ってことは 17 フレットまでの距離を比べると……．あるいは 3 フレットまでの距離と 15 フレットまでの距離の比をみると．ブリッジから n フレットまでの距離と，ブリッジから $n+12$ フレットまでの距離の比を見たときに「 2 : 1 の比が見える」という主張があります．

第1章　音階の数学

　はい，これは結構いいことを見つけてくれた．書いておこう．その比が n によらない．いいね．

（生徒たちの作業が進む）

　なんか皆さん，議論が進んでいて．12 フレットずれると，なんか気がついてるかな．12 フレット動くとどんな感じがした？　実際に音を鳴らして，試してみて．

　12 フレット上がると 1 オクターブ上がる．みんな「オクターブ」って言葉は大丈夫かな？ドレミファソラシドので「ド」と（上の）「ド」とか「レ」と（上の）「レ」の関係が 1 オクターブ．だから「12 フレット上がると 1 オクターブ上がっている」ことが分かった．

　ちなみにオクターブの「オクト」っていうのは接頭語．ラテン語由来かな．「オクト」って「8」を意味する．

　「オクト」っていうのは「ドレミファソラシド」と上がっていくのに，「ド」を 1 番目として数えると，上の「ド」は 8 番目だから，これをオクターブに「オクト」って名が付いてるのね．ちなみにあと他にも「ド」と「ソ」の間隔って「ドレミファソ」と 5 つ数えるから，これを「五度」っていうのね．「五度」だよ．ちなみに「五度」っていうのは音の響きとしては，ロックだとパワーコードっていう．よくでロックのリフ（リフレイン）で出てくるのは，パワーコードって言うんですよ．それは，結構よく響く．

第1章　音階の数学

　だから例えば測定した数字の中で，ある音と，1オクターブ
上の音と，五度の音ね．五度とオクターブのところを，よくよ
く表から観察してもらうと，何かいいことが出てくる．

　いま，これで距離の比が2:1って出てきたのは，オクターブ
は，弦の長さの比率が2:1になっているいう話だよね．2:1は
みんな，見出すことできてる？

　このブリッジからの長さで1オクターブ上がると2:1だ．
そうするとこれちょうど12フレットの位置がどんなことが出
てきたのかな？

　このフォークギターの場合は，弦の全長が65.2 mmであっ
た．12フレットの位置を見たら32.6 mmだ．おっ，ぴったり
半分になってる．そうだっ！

　だからこの，印（ポジションマーク）が2つ付いている12
フレットの位置というのは，結局は《弦の中点》ってことだ
ね．もとの弦の中点が12フレットの位置だ．

〈意味ありげな 1.06 倍〉

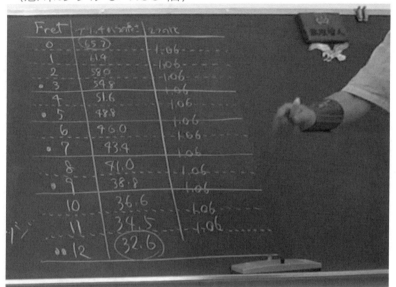

いい表（生徒が黒板に書いたもの）ができたね。
これ，教えてくれる？

生徒：0（フレット）と1（フレット）の比とか，1（フレット）と2（フレット）の比みたいな感じで，隣り合ったところの比を出してみたら，全部1.06になりました。

哲人：イエーイ，これ面白くねえか！（ゴング）
隣り同士の比を見たら1.06になっていると。うん，そうするとこの1.06って数字を見出したのは，いい感じだね。ちなみに12フレットとの関係は，何か出てくる？

第1章　音階の数学

生徒：う〜んと，2 の 12 乗根を出したら，1.0594…… くらいになって…….

哲人：それは，計算機でやったの？　みんな，2 の 12 乗根とかって，知ってる？

別の生徒：知らないです.

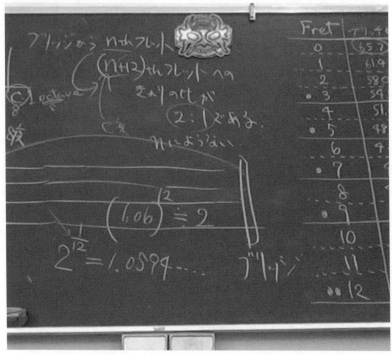

哲人：記号を書かせてもらうね. 2 の 12 乗根を計算機で出したら？

生徒：1.0594…… みたいになっています.

哲人：$2^{\frac{1}{12}} = 1.0594\cdots$ ということだね. ちょっとここ, 未知の記号が出てきているんだけど, あんまり数学記号を先走らないで, みんなに分かるようにちょっと翻訳できる？

生徒：う～んと, 12 回かけたら 2 になる数.

哲人：要するにこの 1.06 を 12 回掛けると, およそ 2 になってるようなことではないかと.

$$(1.06)^{12} \fallingdotseq 2$$

　なんか, 結構いい話が出てきたので, じゃあもうちょっとまた時間をとろう. いまの話をちょっと実際に「本当かよ」と確かめてみたり, あとは 1 オクターブ上がると弦の長さが半分になっていそうだとか. あと, ヒントとして五度, パワーコー

ドになってる五度の間隔がどうなってるかとか，またその辺を調べてみようか．

（ゴング）

　プラス 7．いま言ってくれてたのは，ここに対してプラス 7 フレット上がったところとの関係が，五度．そうだね．たとえば，0 フレットが 65.2 mmだったけど，7 フレットが 43.4 mmになっていて……これは？

生徒：1 : 1.5

哲人：43.4 と 65.2 の比率が 1.5 倍になっていると．そうだね．43.4 を 1.5 倍すると，65.1 だから，ほぼそうだ．いま出てきた話は，五度上の，フレット 7 つ分というのが，弦の長さとして 1.5 倍の関係になっている．正確にいうと，フレット 7 つ分あがることで，弦が短くなるから，1/1.5 倍，つまり 2/3 倍ということだな，弦の長さでいうと．

　1.5 倍というのは，1.06 倍が何回くりかえされた結果なの，この間で．7 番のフレットから 0 番のフレットまでの間に，1.06 倍が何回繰り返されるの，回数としては？

　そう，7 つだよね．7 番と 0 番だもんね．ということは，1.06 の 7 乗というのが，いくつくらい？　およそ，でいいんだけど．この表の数値は信用することにすると？

第 1 章　音階の数学

生徒：計算機でやってみたら，$(1.06)^7 = 1.503\cdots\cdots$ くらいに．

哲人：そうか．やっぱり「2:3 仮説」だよね．そうだな．ちなみに 7 つというのは，ドからソまでの半音の個数を数えると……ドから，ド♯，レ，レ♯，ミ，ファ，ファ♯，ソ，と上がると 7 つになっているよね．鍵盤で数えても 7 つある．これが弦楽器だったらフレット 7 つ分上がっている．

　一本の弦を見たときに，ここ 0 フレットの位置（開放弦）に対して，12 フレットの位置は何だっけ？　1:2 だから，弦の中点になっている．

　7 番目（のフレットの位置）はどうなったってことだ，そうすると．7 番目の位置は 1:1.5 = 2:3 だったから，全体の 2/3 だね．弦の全長の 3 等分点ということだ．

　ここの 7 番とか 12 番にこうやって印（ポジションマーク）が付いてるっていうのは，弦の中点っていうのが非常に大事そうな点でしょ，演奏上重要だよね，弦の中点だからね．また 7 フレットの位置は弦の 3 等分点として付いてる．

　そうするとまあ実際ちょっとこれやってみると……（ベースを取り出して，音を出して実演する）これに対して中点ではね（と，ハーモニクス奏法で倍音を鳴らす）……あと 3 当分店を利用すると（ハーモニクス奏法）……ほら，実際に押さえて出すのと違うよね．これを演奏の中に混ぜ込むと，カッコイイ演奏が出来たりするんだよね．

〈弦の振動周波数〉

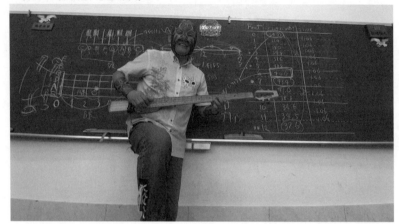

　これでここまでわかってきたことは，どうもこの元の開放弦（の長さ）に対して1オクターブ，八度上だと，振動している弦の長さが半分になる．それから五度上の場合は，振動している弦の長さが2/3倍になってる．

　ここで，プリントを見て下さい．

【仮説を立てよう】

　実測したフレット位置のデータから「楽器メーカーは，どのような意図で，フレット位置を設計しているのか」について仮説を立ててみてください．

　フレット位置の設計については，中点とか3等分点とか，だんだんと分かってきましたね．「1.06倍」というキーワードも見つかりましたね．あとは n フレットと $n+12$ フレット

の位置の関係が, いつも（ n によらず）2倍になっている, なんていう仮説も見つかりました.

【弦振動にかんする物理学の知見】

　物理学では, 弦の振動に関して

「振動する弦の長さと, 振動数（周波数）は, 反比例する」

という法則が得られています. 振動数（周波数）とは, 1秒あたりの振動の回数のことで, 単位として Hz（ヘルツ）を用います. 一般に, あるA（ラ）の音は 440Hz と定められています.

　すでに考えてもらった「フレット位置に関する仮説」と, 上記の「法則」を組み合わせることで, 弦楽器がつくるスケール（音階）についてどのようなことが導きだせるでしょうか.

【ハーモニクス】

　弦楽器の開放弦の「2等分点」「3等分点」「4等分点」を利用した「ハーモニクス奏法」という演奏方法があります（実演します）. 弦振動の倍音を利用するものです.

　手許の楽器で「2等分点」「3等分点」「4等分点」がどのあたりにあるか, 探してみてください.

　次に【弦振動にかんする物理学の知見】というのは，これ
は「測定だけ」からは出てこないので，物理学を勉強する
と……物理ってちなみに1年生のあいだに「物理基礎」は
やったの？　あぁ，やったと．物理基礎で「弦の振動」って
出てきている？　一応は出てきていると．

　弦の振動では，どんなことが出てきたかな．「周波数」と
いう言葉は通るかな．周波数，振動数，つまり1秒間に何回
振れるかっていうのが周波数ね．その単位が「ヘルツ」だと
かいうことは，物理で出てきてるかな．ヘルツというのは，1
秒間の振動回数だ．例えばAの音とか，440Hz のAという
のがチューニングをするときの基準になっている．「音さ」とか
使ってやると 440Hz の音が基準音として出る．それにAの開
放弦を合わせるっていう風にやっていくんですね．

　そうすると 440Hz のAっていうことは，その1オクターブ
上のAで，何回振れている計算になりそう？

　そこは1オクターブ上だと振動している弦の長さが半分に
なっているんだよね．振動している弦の長さが半分になってい
るとき，物理学によるとその弦の振動数は，長さが半分にな
ると振動の回数はどうなるの？　それは物理基礎ではそこま
でやっていないかな．

　実際に 440 回振動してるとか，そういうのって俺たち測定
できないじゃないか．「チューナー」という，楽器をチューニ
ングするためのマシンを使うと，機械が勝手に測定してくれ
た．けど俺たちは 440 回とかを，耳で数えることはできない
ので，ここは物理学の知識をもらうと，「振動する弦の長さ

と，そこから出てくる音の周波数が，反比例するのだ」とい
うことが，物理学で分かっていること．

　ちなみに物理学で分かってることって，数学で分かってるこ
ととちょっと違うのは……，数学では証明している．証明して
「倒したぜ」とやるけど，物理学の場合には数学みたいな証
明というのはなかなかできない．物理学は「仮説」が提示さ
れて，それを実験事実が裏付けている場合に，実験によって示
されたというわけです．理科ではそうだよね．

　だから，実験によって弦の長さと，振れている周波数，回数
が反比例しているということが，実験事実として確かめられて
いる．そうだとすると，ある「ラ」の音が 440Hz だったら，
12 フレット上のこの「ラ」は何ヘルツ振動している計算にな
る？　880Hz，そうだ，2 倍になっている．毎秒 880 回振れて
いることになるんだな．

　では，ここは，「ラ」の五度上の「ミ」はどうだ．「ラ」
の 440Hz に対して，ここさっき五度の関係は，弦の長さが
2 : 3 とかって話があったよね．「ラ」の 440Hz に対して，
「ミ」は？　そう，660Hz だ．

　そんな風なことで，ギターのフレットは 1.06 倍，もう
ちょっと正確には 1.0594… という比率で設計されていて，今
の僕たちのメジャーは「ミリ単位」でやってるよね．だから
1.0594… というところまでは測定しきれないと思うけど，計算
上 1.0594… っていうのを 12 乗すると 2 になる．そのような数
のことを，数学Ⅱでやるんだけど 12 乗すると 2 になる数のこ

とを「$2^{\frac{1}{12}}$（2 の 12 分の 1 乗）」と書いている．

　ちなみに僕らがすでに知っている数で，よく有名な無理数があるじゃん．2 の何とか乗みたいな形で出てくる，有名な無理数．2 に関わる有名な無理数，さすがにここには知らない人はいないと思うんだけど，2 に関わる有名な無理数だよ．なんかない？　そう，$\sqrt{2}$ だね．$\sqrt{2}$ って 2 乗すると 2 だよね．ではさぁ．この表の中に $\sqrt{2}$ に当たるもの，どこかにないか？

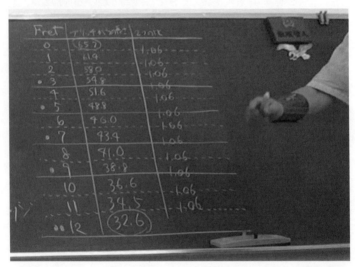

　12 乗で 2 倍ということは，おそらく 1.06 の何乗がよさそうかな？　そう，6 乗だね．計算機で行けるかな，1.06 の 6 乗．

$$(1.06)^6 = 1.4185\cdots\cdots$$

第1章　音階の数学

　なるほど，なかなかいいじゃん，これ．これは何フレット上がるといいの？　例えば0フレットに対して$\sqrt{2}$倍になってる場所って．そうか6フレットだね．ということはね，弦の長さとして0フレットが65.2 mmで，6フレットが46.0 mmでちょっと計算してみて．

$$65.2 \div 46.0 = 1.4173\cdots$$

うんうん，これくらいだったら許せる誤差だよね．

$$\sqrt{2} = 1.4142\cdots\cdots$$

6フレットが$\sqrt{2}$倍，ちなみに6フレット差の$\sqrt{2}$倍って，どういう響きかというと（ベースを抱えて実演する）．この響き，どうですか？　聞いた心の印象は，どう？

　こういう響きがテレビで流れるときって，どんな場面かな．怖いときだよ．殺人事件！　死体発見！　とかいうときにさ，サスペンスドラマとかで，この$\sqrt{2}$倍の響きというのは，無理数の響きですよ．ちなみにパワーコード，1.5倍ね．エレキギターのロックでよく出てくる和音は，1.5倍とか2倍を組合せて響かせているんですよ．だからハードロックとかで「イエ〜イ」みたいな時の和音は，1.5倍とか2倍．

　$\sqrt{2}$倍の和音を使うのは「やべぇ」とかさ，「あぁ死体発見」とかさ，「ゾンビが現れた」とかさ，そういうときにこの半音が6個分，$\sqrt{2}$倍っていうのが出てくる．どんな感想かな，何か気持ちが乱されるような，心に不安を呼び起こす響きとされているのね，一応は．実際にそういう場面で使われているわけだ．

第1章　音階の数学

〈平均律とピタゴラス音律〉

　すると，ここまでの話としては 1.06 という，12 乗すると 2 倍になるような比率で半音ずつ．弦の長さとしては，半音上げると短くなるから，÷1.06 だよね．それで周波数としては反比例するから ×1.06 になるよね．ここまでついてきてるかな．

　×1.06 を 12 回繰り返すと，×2 になっていて，1 オクターブ上がるようになっている．それから ×1.06 を 7 回繰り返すと五度になって，ほぼ 1.5 倍になっている．それから 7 回を 6 回に減らすと，ちょうど 2 の 1/2 乗，$\sqrt{2}$ 倍になっていると．

　そういったところが，ここまでに分かってきたと，ちなみにこの 1.06 正確には 1.059… これって有理数か，無理数か，おそらくどう？

　あんまり数学の問題集に「$2^{\frac{1}{12}}$ は有理数か無理数か」というような問題は，入ってないんだけど，どうですかね．今日の課題ではないけれども．直感的には……無理数っぽい感じがするよね．これは無理数です．ちなみに 2 倍は有理数．それから $\sqrt{2}$ 倍は無理数だよね．

　だから 1.06 倍というのは，半音ごとに無理数の比率で組まれているわけで，このような等比数列でできた音階のことを，音楽の世界では《平均律》という．音楽の世界の人たちはこう呼んでいる．

第1章　音階の数学

　だから少なくとも君たちの目の前にあるエレキギターとかエレキベースとか，そういったものは《平均律》で設計されています．

　ちなみに有理数とか無理数とかに関して言っていくと，もう一つね《平均律》というのとは別にですね《ピタゴラス音律》とか《ピタゴラス音階》っていうのが別にあります．

　君たちさ，ピタゴラスって知ってるよね．ギリシャ時代の数学者として，ピタゴラスの業績として三平方の定理は，みんなよく勉強したと思うが．ピタゴラスの時代に彼らが持っていた世界観を表わす言葉とか，あるいはこんな世界観を持ってたって聞いたことある？

　そうそう《万物は数である》，《万物は数なり》だよ．彼らのいう《数》とは，有理数の世界観だったんだよね．紀元

第1章　音階の数学

前の人たちですから，彼らはあの時代は，まだ無理数という
ものの存在を知らなかった頃なんです．

　彼らのいう《万物は数である》というのは，何かこう，例
えば砂浜に行くと砂粒が「整数個」あって砂浜ができてる
じゃないか．それもう木も水も海も岩も……，今でいうなんか
「原子」みたいなもの，まだそういう原子も発見されていな
い頃だけど．何か最小単位のものがあって，万物を構成する最
小単位のものがあって，それが「整数個」集まって世界ができ
ているのだという世界観を，彼らは持っていたわけで．

　今は「そうではない」ということを，僕らは知ってしまって
いるわけですが．二千年以上前に「何か物質の最小単位が
あって，それが整数個集まって世界ができている」というモノ
の見方は，まぁ無理もないよね．二千年以上前だと考えると
さ．

　その頃のピタゴラスが考えた《音階》というのも，そうする
と現在は（平均律は）このような無理数で構成されているんだ
けど，ピタゴラスは音楽に関しても業績を残していて，彼らの
世界観から，何か音程……たぶん周波数みたいなものを感じ
ていたと思うんだけど，でも周波数を測定する技術もなかっ
たよね．440Hz なんて数えようがないですよ，ピタゴラスの時
代には数えようがない．だけど，でも彼らは少なくともです
ね，いま僕らが見つけてきた「1オクターブ上がると2倍で
ある」ということと「五度上がると 3/2 倍である」というこ
とには，気づいていた．

　そこで，ピタゴラス音律というのは
　　　　「1オクターブ上がると2倍である」

38

第1章　音階の数学

ということと

　　　「五度上がると 3/2 倍である」

というこの二つルールだけから，音階を決定していたんです
よ．それが，今度このプリントの《ピタゴラス音階》というや
つです．ここからは実験というよりは，もう理論上の，机の上
の計算になるんだけど．

　じゃあ，そうだねここでは「D」の音を基準に採っていま
す．というのは，ここから五度上げ下げしたときに，シャープ
やフラットが出なくてキレイだという理由で「D」を中央に
置いてる．「レ」から見た五度上というのは「レミファソ
ラ」と数えて「ラ」の音．これは「レ」の五度上だから 3/2
倍であった．じゃあ今度「レ」から「ソ」を見下ろすとどう
かというと，「レドシラソ」でこれら五度下の音なんだよ
ね．「ソ」から見た五度上の「レ」は 3/2 倍だから，「レ」
から見た五度下の「ソ」は 2/3 倍の音になる．

　このように「五度上だと 2/3 倍になる」というルールと，
あと「オクターブで 2 倍」というルールを使って，表が計算上
埋まりますよね．埋めたあと，この二つから埋めていくってい

39

うことをやるとピタゴラスさんが考えた音階・スケールが創り
出せる．計算で作れるので，やってみよう．しばらく作業をし
てください．もちろん相談をしてもらっていいですよ．

【ピタゴラス音階】

　ピタゴラス（Pythagoras, B.C.582-496）率いる「ピタ
ゴラス学派」は，学問の団体でありつつ，宗教団体でもあ
りました．当時は，学問と宗教は一体のものだったので
す．彼らは「万物は数なり」という教義を唱えていまし
た．世界を構成する最小単位（現在でいう原子のようなも
のか？）が存在し，世界はそれらが整数個あつまってでき
ている，という世界観です．砂浜に行けば，砂粒が整数個
でできているではないか，ということです．

　ピタゴラスは，そのような世界観のもと，スケール（音
階）も有理数の比で表現できると考えました．ピタゴラス
は，次のような基本ルールのもとで，音階を構成しまし
た．

　　1 オクターブ（12 半音）上がると，

　　周波数が 2 倍になる．

　　完全五度（7 半音）上がると，

　　周波数が 1.5 倍になる．

この 2 つのルールをもとに，1 オクターブ分の音階の周波
数比を構成してみて下さい．

第1章　音階の数学

まず，完全五度の繰り返しから，ウォーミングアップ．

F	C	G	D	A	E	B
fa	do	so	re	ra	mi	si
				440Hz		
			1	$\dfrac{3}{2}$		

続いて，1オクターブを構成しましょう．

A♭	E♭	B♭	F	C	G	D	A	E	B	F♯	C♯	G♯
					$\dfrac{2}{3}$	1	$\dfrac{3}{2}$	$\left(\dfrac{3}{2}\right)^2$				
					$\dfrac{4}{3}$	1	$\dfrac{3}{2}$	$\dfrac{9}{8}$				

1オクターブの中で並べ替えてみると

D	E♭	E	F	G♭	G	A♭	A	B♭	B	C	D♭	D
1		$\dfrac{9}{8}$			$\dfrac{4}{3}$		$\dfrac{3}{2}$					2

第1章　音階の数学

　表の埋め方は，大丈夫そうかな．例えば「D」に対する五度上の「A」は 3/2 倍でしょ．ということは，その五度上の「E」は，もう一回 3/2 倍するから 9/4 倍になる．それで，9/4 倍っていうのはもう 2 倍を超えているから，この「D」を 1 とみたときに，9/4 倍の「E」というのは，1 オクターブよりさらに上に行ってるので，2 倍を超えちゃったときには，1 オクターブ下げた「E」を考えて，9/4 倍の 1/2 倍で，ここは 9/8 倍と埋められる．

　そんなふうに，いま一例を示したけど，基準の「D」から見て 1 オクターブを超えたときに，1 オクターブ下げて半分にするというふうにやると，基準の「D」の 1 倍から 2 倍までの間を有理数で埋められるでしょ．そうそういう方向で，表を作ってみてね．

第1章　音階の数学

　だいたい1オクターブ埋まってきた人，増えてきた感じだね．答え合わせでもないけど一応，1倍と2倍の間を有理数で埋めていくと，こんな感じになって出てくる．

　開放弦が「D」であるとすると，7フレットの「A」が3/2倍ってこと．あと5フレットの「G」が4/3倍．

　だから演奏上，先ほどその横にポチポチ印（ポジションマーク）が付いてるのは5番目，7番目，12番目あたりというのは，やっぱり響きも，それなりに奇麗でね．これシンプルな方が，響きが奇麗な感じがするかな．6フレット，ここがほぼ $\sqrt{2}$ 倍というのは，1024/729倍で……ここ（福島高校の同窓会館で講義をしている）にはピアノがあるなぁ．
（ピアノに向かって歩いて行き，和音を鳴らす）
2倍の和音，3/2倍の和音，$\sqrt{2}$ 倍の和音，……

$\sqrt{2}$ 倍だと，不安定な響きになっているでしょ！

第1章　音階の数学

まず，完全五度の繰り返しから，ウォーミングアップ．

F	C	G	D	A	E	B
fa	do	so	re	ra	mi	si
				440Hz		
$\dfrac{8}{27}$	$\dfrac{4}{9}$	$\dfrac{2}{3}$	1	$\dfrac{3}{2}$	$\dfrac{9}{4}$	$\dfrac{27}{8}$

続いて，1 オクターブを構成しましょう．

A♭	E♭	B♭	F	C	G	D	A	E	B	F♯	C♯	G♯
$\left(\dfrac{2}{3}\right)^6$	$\left(\dfrac{2}{3}\right)^5$	$\left(\dfrac{2}{3}\right)^4$	$\left(\dfrac{2}{3}\right)^3$	$\left(\dfrac{2}{3}\right)^2$	$\dfrac{2}{3}$	1	$\dfrac{3}{2}$	$\left(\dfrac{3}{2}\right)^2$	$\left(\dfrac{3}{2}\right)^3$	$\left(\dfrac{3}{2}\right)^4$	$\left(\dfrac{3}{2}\right)^5$	$\left(\dfrac{3}{2}\right)^6$
$\dfrac{1024}{729}$	$\dfrac{256}{243}$	$\dfrac{128}{81}$	$\dfrac{32}{27}$	$\dfrac{16}{9}$	$\dfrac{4}{3}$	1	$\dfrac{3}{2}$	$\dfrac{9}{8}$	$\dfrac{27}{16}$	$\dfrac{81}{64}$	$\dfrac{243}{128}$	$\dfrac{729}{512}$

1 オクターブの中で並べ替えてみると

D	E♭	E	F	G♭	G	A♭	A	B♭	B	C	D♭	D
1	$\dfrac{256}{243}$	$\dfrac{9}{8}$	$\dfrac{32}{27}$	$\dfrac{81}{64}$	$\dfrac{4}{3}$	$\dfrac{1024}{729}$	$\dfrac{3}{2}$	$\dfrac{128}{81}$	$\dfrac{27}{16}$	$\dfrac{16}{9}$	$\dfrac{243}{128}$	2

第1章　音階の数学

　ええと，一応これら全部を，小数だとどうかというのを，計算機で出している値がある．

音程	十二平均律	数値	ピタゴラス音階
一度	$2^{0/12}=1$	1.000000	$1/1=1.000000$
短二度	$2^{1/12}=\sqrt[12]{2}$	1.059463	$256/243=1.053497$
長二度	$2^{2/12}=\sqrt[6]{2}$	1.122462	$9/8=1.125000$
短三度	$2^{3/12}=\sqrt[4]{2}$	1.189207	$32/27=1.185185$
長三度	$2^{4/12}=\sqrt[3]{2}$	1.259921	$81/64=1.265625$
完全四度	$2^{5/12}=\sqrt[32]{2}$	1.334840	$4/3=1.333333$
三全音	$2^{6/12}=\sqrt{2}$	1.414214	$729/512=1.423828$
完全五度	$2^{7/12}=\sqrt[12]{128}$	1.498307	$3/2=1.500000$
短六度	$2^{8/12}=\sqrt[3]{4}$	1.587401	$128/81=1.580246$
長六度	$2^{9/12}=\sqrt[4]{8}$	1.681793	$27/16=1.687500$
長三度	$2^{10/12}=\sqrt[6]{32}$	1.781797	$16/9=1.777777$
長七度	$2^{11/12}=\sqrt[12]{2048}$	1.887749	$243/128=1.898437$
八度	$2^{12/12}=2$	2.000000	2.000000

　《ピタゴラス音階》の場合，ここの有理数の小数表示と，あとは《平均律》，先ほどの $(1.06)^n$ ってやつな．その数値を並べてあります．

　例えば《平均律》だと $2^{\frac{7}{12}}$ というのが無理数になっていて，1.498307 と，こうなってるわけだからこれがまあほぼ

第1章 音階の数学

$3/2 = 1.5$ なんだけど，やっぱり $2^{\frac{7}{12}} = 1.498307$ で組むと，ぴったり 1.5 倍にはなってないってことね．ピタゴラス音階はぴったり 1.5 倍で取るのだけど，エレキギターとかのフレットはこっち（平均律）になってる．あとは，電子楽器，シンセサイザーとか，バンドでやるような音楽というのは平均律で組み立てられています．

あとはキーボードで最近「教育用キーボード」というのが出ているそうで，音楽室とかにあるのかな……僕は使ったことがないんだけど．あの「教育用キーボード」は，ピタゴラス音階と平均律音階を，スイッチで切り替えて出し分けることができるのだそうだけど，見たことある？

そういうの，売ってるらしいですよ．そういうことでね，基本的には《十二平均律》が《無理数・実数の世界》で，《ピタゴラス音階》は，もう当時の世界観に基づいて《有理数の世界》だね．有理数の世界だけだと，やっぱりちょっと限界はあるんだけど，二千年以上前だからさ．「ピタゴラスよくやった」って言っていいと思うんだよね．結構すごくね！　ピタゴラスもね，二千年以上前にこんなことを突き止めていたわけですよ．

ピタゴラス音階の限界については，プリントに書いてあるので，興味のある人は見てみてください．

【ピタゴラス音階の限界】

$G\sharp$ からみた $E\flat$ は相対的には完全五度 $\left(\dfrac{3}{2}=1.5\right)$ のはずであるが,

$$\frac{E\flat}{G\sharp}=\frac{\left(\dfrac{256}{243}\right)\times 2}{\left(\dfrac{729}{512}\right)}=\frac{512\times 256\times 2}{729\times 243}=\frac{2^{18}}{3^{11}}=\frac{262144}{177147}=1.4798\cdots\cdots$$

1/4半音程度の差があるので「うなり」が生じてしまう（ウルフの五度）

〈波を記述する数学〉

　君たち，理系に行く人が多そうな気配がするので，理系の基礎知識を話しておこう．「音」というのはどのように把握されているのか．基礎物理では「波形」とかそういうのは，出てきたかな？　一応横軸にタイムを取るわけですよ．音って空気の疎密波なんですよ．僕が「わっ」と叫んで空気を振動させると，空気がぷるぷる震えて，君たちのところまで広がっていくわけだよね．その空気の振動具合を，縦軸にとる．

　空気の揺れを検出して，ここに実際にデジタル録音とかしたものを画面上に出すとね，こういう「波形」っていうのが取り出されるわけですよね．音には，うるさい音と小さい音がありますね．「音の大きさ」という概念．人の声を聞き分けられるのは，音の波の形の違いだ．「音色」を表すね．

第1章　音階の数学

　それから音の「大きさ」について．でかい声と小さい声，あるいは例えばラジオとかで，ボリュームを上げたり下げたりというのは，縦軸方向に伸ばしたり圧縮したりする．要するに $y = x^2$ と $y = 100x^2$ の違いを考えればいいね．それが音の大きさ．それから，音の「高さ」がある．高い声から低い声まで，楽器であれば高い音と低い音．これは一秒に何回振動するかという「周波数」は振動する回数です．

　あと，音の「質」とか「音色」っていうのが，この波自体の持っている形．

　そしてあとは，この波を表す数式は，君たちの勉強だと数学Ⅱに入ってから出てくるけど，こういうのを表す数学って，どんな関数を使うか想像つきますかね．

生徒：三角関数？

第1章 音階の数学

哲人：そうそう，要するに $y = \sin t$，タイム（t）を変数とする三角関数が基本で，そこに周波数とかつけて，$y = \sin \omega t$ とかさ．あるいはそこに音の大きさ，係数をつけて $y = A \sin \omega t$ とかね．A ででかいと大きい音，A が小さいと小さい音．また ω ででかいと高い音，ω が小さいと低い音．

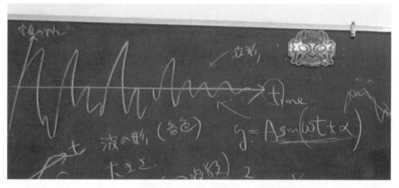

　サインカーブ（$y = \sin x$）というのは基本的には数学で勉強する．実際にはサインカーブに，いろいろな周波数のサインカーブが紛れ込んでる．紛れ込んで，この複雑な波形ができてるわけだ．そうするとこれらに対して，大学生の勉強になるけど「フーリエ変換」とか「フーリエ解析」っていうのをやる．

49

第1章　音階の数学

　今度このグラフはどうなるかっていうと，高いフリークエンシー＝周波数から低い周波数まで，周波数成分を取り出して，3次元になる．周波数ごとの成分に分ける．どんな感じかな．光とかでいうと「赤橙黄緑青藍紫」ってあの七色の光で周波数が違うでしょ．赤外線とか紫外線とか，光を周波数成分に分けるというような話があるんだけどね．

　同じように音も，周波数成分に分けて分析するとか．数学では三角関数とかフーリエ解析とか，そういうところが音関係を勉強する数学です．

　あとは君たちが理系として物理を選択しそうな人，たぶん多いよね．物理を選択するとそれは高校生の物理だと「波動」という単元ね．だから波動は音もやるし，光もやる．そういった形で高校生の勉強でもある程度 $y = A\sin(\omega t + \alpha)$ だとか，これくらいの式は君たちが大学受験で物理を選択すれば取り扱うことになると思う．

第1章　音階の数学

　そんなことでちょうど時間ぴったりなので最初の話，音階，ドレミ……がどのように設計されているのかという話は，こんなところといたします．

　これで休憩になるけど，この後このまま楽器を置いておくので，休み時間とか昼休みとか，また弄って確認したいという人は，どうぞご自由にいじってください．ということで，じゃ最初の単元はお疲れさまでした．

（ゴング）

第2章 敷き詰めの数学
＠那覇西高校

【2021 年 3 月 12 日に実施した
講演のアーカイブ】

（講義映像はこちら⇑）

〈Tokyo2020エンブレム〉

数理哲人：皆さんこんにちは！

生徒たち：こんにちは！

哲人：いい声が返って来たな．私は遊歴算家，覆面の貴講師の数理哲人と申します．今日はよろしくお願いします！

生徒たち：お願いしまーす！

哲人：君たちはいま 1 年生が終わるところ．今年は入学早々大変だったよね．授業が平常に学校に通えるようになったのはいつぐらいから？ 6 月か．いま，何とか 1 学年目の勉強は追いついた，何とかなってきたというところですかね．日本中で昨年の 3 月の今ごろは大変でしたよね．
　ちょっと軽く自己紹介から入らせてもらうと，初めてだからな．那覇西高校さんは，実は今回，呼んでいただいて 2 回目になります．2 度目の襲撃でございます．ありがとうございます．沖縄に来るようになったのはここ 5 年ぐらいかな．沖

第2章　敷き詰めの数学

縄に来て「かりゆし」というファッションを知りまして，これおしゃれでいいな．しかも私，こういうコスチュームの都合があるので，いま基本は「通年半袖」なんですよ．那覇だと通年半袖の人も結構いるでしょ．東京だとね，通年半袖で過しているとこの人大丈夫？」みたいな目で見られたりすることも．だから「かりゆし」を着回して通年半袖で過しております．室内はエアコンが入ってるから大丈夫．

　そんなことでね，じゃあ今日の中身の教材の方ね，今日やろうとしている問題は，このオリンピック・パラリンピックエンブレムって見たことあるよね．見たことあるかな？

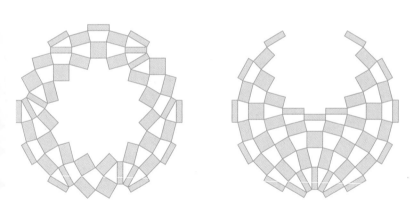

　この模様は．これはもともと昨年行われるはずであった東京オリンピック・パラリンピックのためのエンブレムですね．このエンブレムが採用される前にちょっと一騒ぎあって，これとは異なるエンブレムが使われる予定だったんだけども，ベルギーの劇場から「うちのロゴマークとそっくりだ．お前盗作しただろう」と，裁判とか起こされちゃったりとかしてです

53

ね，ちょっとこれは「エンブレムを選び直さなきゃいけないな」ということになって，改めて公募して，募集をしてエンブレムを選び直すという経緯が数年前にありました．その結果出てきたエンブレムっていうのが，これが選ばれて，これは野老朝雄さんっていうデザイナーの方が作ったエンブレムです．そのエンブレムがね，これが選ばれた．元々いくつかもっとたくさん候補があった中で，四つぐらいの案に絞り込まれて，一般に四つの案が公開されて，最終的にこれになったという経緯があったのです．これが選ばれた時にね，最初はみんな，市松模様……日本の伝統の文化の中に市松模様っていうのがあるから，市松模様ってチェスのボードみたいに白黒白黒を塗り分けるような模様のスタイルがあって，「これはクールだ」なんていう評価が最初の頃からありました．

　だんだん見ている人たちが「これは数学的に面白いぞ！」ということにだんだん気が付いて，美術大学の先生とか数学者とかが，このエンブレムの数学的背景・秘密について「こうなってるんじゃないか」みたいな仮説をネット上で発表し始めたりとかしたのね．あとはこれを作った野老さん自身のインタビューとかも数学専門誌に載るようになったりとか，いろいろな形でこのエンブレムの数学的背景が紹介されるようになっていきました．今日はせっかくの1時限限りの特別講義ですから，これについて君たちが図形の勉強をした知識からどんなことが読み取れるかなっていうのをやってみようという風に考えております．

第2章　敷き詰めの数学

〈オリンピックに関する立場性〉

　ちなみにね，オリンピックに関しては去年（2020 年）3 月に一旦，コロナで延期するということになったわけですけども，今また延期してから 1 年経った 3 月で，オリンピックをさぁてやるかどうか．国の方は「やるぞー！」と言っている．そして外国からは「いやちょっと行くのは無理じゃないか」，「本当にやるのか」というような声が流れ始めてきています．ちなみに日本の新聞社は，朝日，読売，産経，毎日，日経，そういった日本の主要な新聞社は，オリンピックを「やるべきかやらないべきか」というその是非についてほとんど何も書かず沈黙を貫いています．「大人の事情」っていうのがある．

　オリンピックをやるかどうかという問題，本来は今の時期に「オリンピックできる」とか「無理だ，やめた方がいい」ということを大マスコミが議論をして然るべき時期であるにも関わらず，全く黙り込んでいる．その代わりネット上ではもの凄い議論になっています．それはどうしてかと言うとね，これは有名な話なんですが，本来こういうことを議論すべき五大新聞社，マスコミというのがね，全部が森元会長のいたオリンピック組織委員会にお金を払っちゃっているんだ．スポンサーという形で．利害関係者になっているんだな．自分たちが新聞社も広告を提供するとかお金を払うというような形でスポンサーになってしまっているので，金銭の結び付きができてしまったから，そうするとマスコミが中立ではなくなっているわけです．スポンサーの一員になってしまった．

　その立場上，「いやこれは国民の健康に被害が及ぶからやめた方がいいよ」とは口が裂けても言えなくなってしまった．また，そういう新聞社，スポンサーとなった新聞社と当然関係があるテレビ局も黙るしかなくなってしまう．スポンサーと関係なさそうなNHKはどうか．オリンピックをやるべきかやらないべきか，そういう「特番を組もうとしたけど流れた」という噂が流れています．

　いま（違法接待問題で）流行りの総務省が電波を監督していますよね．国の意向に反するような放送はできないわけですよ．そういう非常に難しい状態になっています．「国の意向が正しい」なんていうことは全くないですよね．世の中には，国は《国の都合》で物事を動かす．それは沖縄県にいたらみんな感じるだろう？　いろいろな問題がね，国が県をいじめるようなこと，具体的にはここには挙げませんが，あるのは知ってるよね？

　知らない？　国が県をいじめている．県と国が裁判までやってる．知ってる？　そういうの．それは固有の歴史，いろいろなことが重なっての上なんですね．それはね，沖縄県はまた沖縄県の歴史の上に国とぶつかってしまうようなこと，基地問題から端を発する，もちろん戦争から全部繋がっていることがある．

　一方でオリンピック問題に関してもね，東京に住んでいると，やっぱり東京に住んでいる人たちと国と，あるいは東京都っていうのが，実は対立している．東京の人たちはね「これでオリンピックやられたら，死なずに済む人がまた死ぬ．やめてくれ」というのが東京付近の僕が生きている生活圏の中でのある程度の《民意》だと思います．

第2章　敷き詰めの数学

　でもオリンピックをやりたい人たちがいますよね．選手は
ちょっとまた特別な，気の毒な立場にあります．ずっと宙ぶら
りん．やれるかどうか分からないけども練習は続けなきゃい
けない．やると言われている日程に向けてピークを持っていく
ために，いろんなことをやらなきゃいけない．あるいは競技
によっては代表選考がまだできていない競技もある．選手の立
場というのがあります．

　またお金を払っているスポンサーの立場っていうのがあるん
ですね．それから「聖火リレー」という問題があって，各都道
府県の立場っていうのがありますね．島根県の知事が立ち上
がって喚き始めましたね，知ってますか？　僕らは東京から
「島根県知事，頑張れ，頑張れ！」と陰ながら応援していま
す．いろんなことがあります．僕は自宅がね，埼玉県の新座市
というところです．新座の市役所に行くとね，ホストタウン契
約ってのがあってな，新座の市役所には今も大きい文字で「ブ
ラジル選手団ウェルカム！」と書いてある．私の身の回りの新
座市民は「ブラジル選手団，新座に来ないでー！」よりによっ
てブラジル！？　わかる？　その意味．ミニトランプみたい
なとんでもない大統領がいるんだよ，ブラジルには．ブラジル
人の皆さんは，楽しい人たちだと思うよ．彼らを人種的に，
差別するとか，そんな気はまったくないんだけども，いま，
よりによって「ブラジルの人たち新座市に来ないでよ」と市民
は思う．市長とか市の職員はどう思ってるんだろうな．インタ
ビューできないから分からない．仮に市長も「来ないで」と
思っていたとしても，市の立場としては言いだせないのかもし
れない．国の意向に沿わないような決定をする自治体の市長
も何人かいます．

第2章　敷き詰めの数学

〈批判精神を身に付けろ〉

　この3月は，オリンピックを本当にやってしまうのかという議論が再燃している．やったら死人がまた出る．だけどその死んだ人がオリンピックのために死んだという《因果関係》は，結びつかないですよね．証拠も出せません．だから，誰も責任をとらない．現に人が死んでいても誰も責任を取らない．これは原子力発電所事故，ちょうど昨日が3月11日，10年目の節目でしたけども，もうそういうことは政府はね……，別に私は「反政府活動」をしに来たわけじゃないんだが，政府は「偉い人が運営してるのだから，任しときゃ安心だ」なんて思っていたら，とんでもなくて，おかしなことをやるのです．

　今もやっているんです．おかしなことがあった時に，ちゃんと「これはダメだぞ」ということを判断できる大人に育たないと，これから何が起こるか分からない．ということで君たちは今ね，学校生活はずっとマスク着用，私もマスク．ずっと制限があると思うんですけども，あるいは部活とかね，思い通りにはできないとか，いろいろなことがあるかもしれません．でも君たちはまだ学校に来れてるよね？　いま大学生とか，殆どオンライン授業だったりするからさ，昨年1年前に大学に入学した大学1年生たち．1年間大学にほとんど行ってないという人もいます．

　そういうのに比べればまだ学校生活ができている分だけ，君たちは何とかなっている．いろいろ不自由なところもあると思いますが，ちゃんと《批判的精神》，これを身に付けることは大切ですよ．

第2章　敷き詰めの数学

　「これは間違っているのではないか」，「政府が発表し
た，あるいはネットに書いてあった」，「どこどこに書いて
あった」，「誰々が言っていた」……，自分が何かを判断す
るときにね，「他人が言っていた」ことが根拠になるとした
ら「じゃあ，その人は過去にどういう発言をしてきたのか」，
「発言していることに信頼が置ける人物なのかどうか」を調べ
る．あるいは「ネットのニュースに書いてあった」，「ウィキ
ペディアに書いてあった」……どこまでそれは事実なのかとい
うことを判断するっていうのは，大切だよ．

　昔はね，そんなこと心配しなくてもよかった．だけど現代
は，かなり気をつけないといけない時代になっている．とい
うことでそういう判断をして，ある程度間違った判断・間違っ
た行動に行かないように，君たちは自分を守らなきゃいけな
いね．あるいはもっと 10 年後 20 年後，家族ができたら家族
を守らなければいけなくなります．

　そういったときに，人に騙されないで，騙されないように
ちゃんと判断するという場面になりますとね，やっぱり《学
力》が大切だよ．僕はいま，非常に強く，そう思っている．
だから，ちゃんと勉強にも「意味を見出して向かってほしい
な」という風に思っています．

　さて，本日のメインテーマの問題です．東京オリンピックを
実施するかどうかは別にして，準備段階では，この市松模様の
エンブレムが使われてきたという事実がある．このエンブレム
の模様を，よ〜く観察してみてほしい．

第2章　敷き詰めの数学

【問題】

　デザイナー野老朝雄氏の作品「東京オリンピック・パラリンピックエンブレム」を観察してみよう．背後に数学が隠れているのが見えるだろうか．

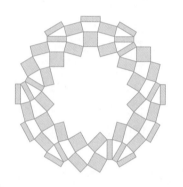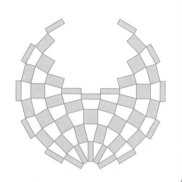

　さて，今日のこのエンブレムなんですけどね，ちょっと1問めくってみよう．まず，ウォーミングアップ問題から行きたいと思います．

〈はとめ返し～ローリングソバット〉

【問題例1】　（はとめ返し）

　　凸四角形とは，2本の対角線がその内部にあるような
四角形である．凸四角形 ABCD において辺 DA，AB，
BC，CD の中点をそれぞれ K，L，M，N とする．

(1)　四角形 KLMN が平行四辺形であることを示せ．

(2)　△AKL，△BML，△CNM　および五角形 KLMND
　　の4つの図形を適当に並べ替えて，重ねることなく
　　貼り合わせると平行四辺形を作ることができる．こ
　　れを証明せよ．

　どんなことをいってるかって言うとここにざーっとやってみ
せますけども，ABCD は何の変哲もないどうでもよい四角
形．別に平行四辺形でもひし形でも台形でも，なんか名前が
付いているような特別性が何もない一般的な……．

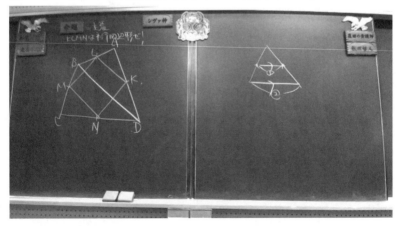

第2章　敷き詰めの数学

　「一般的な」とは「どうでもいい」ということです．どうでもいい四角形の辺の中点 K,L,M,N を取りましょう．このどうでもいい四角形の中点を結ぶとね，この問題は K,L,M,N が，外側の四角形はどうでもいいのに「内側は平行四辺形なのだ！」という．

　はい，命題というのは《主張》しているんですよ，いいですか．「どうでもいい形の四角形の中点を結んだら，中には必ず平行四辺形ができる」のだという主張．この図を見ると確かにそのようには見えると思うんだけど，四角形の形を変えても「いつも平行四辺形だ」って言うんですよ．ちょっと今日は授業時間があと残り 30 分もないので，本当だったらいろいろと考えてもらって，意見を言ってもらったり，作業をしたり，議論をしたり……という時間を取りたいところなのですが，前に進みます．これ君たちさ，中点連結定理って覚えある？

生徒たち：あぁーっ

哲人：三角形の辺の中点と中点を結ぶと，平行で長さが $\frac{1}{2}$ になっているというのを，《中点連結定理》と言いましたよね．

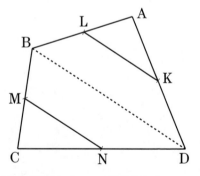

　あれをここに適用すると，平行四辺形になってる感じする？　これ，ABD と CBD にそれぞれ中点連結定理を使うと，「あ，なるほど」って感じしてきたか？

62

第2章　敷き詰めの数学

　なるほどって感じがしてきた……，ね．これ中点連結定理によって平行なんだよね．長さが 2:1 なんだよね．はい，ということは，LK と MN が，平行で長さが等しい．平行四辺形だ！倒した！

（ゴング）

　こうやってね，1問をやっつけるごとに「倒した！」という．楽しくなってこないか？

　数学の格闘家として強くなる．だから僕は数学の試験を《試合》と呼ぶんです．模擬試験は《練習試合》だ．大学入試は《タイトルマッチ》だ．君たちは1年生だからタイトルマッチは2年後ぐらいだよね．

　これで平行四辺形になった．これが問 (1) だな．ちなみに問 (2) はね，これを並べ替えると「また平行四辺形が作れる」って言ってるんだけど，私の大好きなプロレスラーで初代タイガーマスクの佐山サトルさんという人がいるんだ．初代タイガーマスクって聞いたことある人いる？
あ，見たことがあるのね！　ビデオとか見たことある？
動きはないか．でも知っていてくれただけで僕は嬉しい．初代タイガーマスクの佐山さん，彼の得意技でね，《ローリングソバット》という，回し蹴りがあるんだ．私が身体能力が高ければ，いまここで回し蹴りをやって見せればいいけど，その能力がない．そこで，この図形でローリングソバットという回し蹴りを飛ばしてみようと思うんだ．

63

　はい，じゃあローリングソバットいきます．この三角形
LAK を，K の周りで 180° の回し蹴りを食らわす．頭の中で
K の周りで 180° 回してみてください．
じゃあ次．同じように
この三角形 NCM を，
N の周りに 180° バシン
と回してやる．想像し
てみよう．回してみよ
う．シュッ，シュッ．
こんな感じだよね．
どうなるかな？

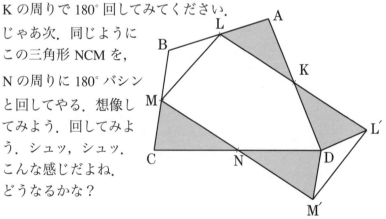

　まずこれ回してるから，LKL′ がまっすぐ伸びるよね．AKD もまっすぐ伸びるよね．これは，K の周りで 180°回ってきてるから，長さは同じで平行だよね．平行っていうのは回転角が 180°だから平行だよね．MNM′ もまっすぐ伸びるね．

　そして L′DM′ はどうかな．LA∥DL′ となっていて，BL∥LA だから，BL∥DL′ であって長さも等しいね．同様に BM∥DM′ で長さも等しい．ということは，△BLM を運んでくることができるよね？
△DL′M′ に「ぱこっ」とはまるでしょ？
平行四辺形になっちゃったのよ．動かした結果．
バシッ，バシッ，バシッ，1，2，3．（ゴング）
こういう感じ．気持ちよくない？
ぴたっと入ったでしょう．これは，昔から伝わっている《鳩目返し》と呼ばれている図形の技なんです．私はここに佐山サトル選手の《ローリングソバット》が見えるんだ．これをウォーミングアップとして，またこちらに戻ろうか．

〈五輪を描く軌跡の問題〉

　共通テストは 2 か月前（2021 年 1 月）に初めての 1 回目が実施されて，君たちの先輩も受験したでしょ？　君たちが受けるのが 1 年 10 か月後ぐらいだな．タイトルマッチ．次の問題例はね，その準備のためのプレテストの問題から取り上げています．

第2章　敷き詰めの数学

【問題例2】（大学入学共通テストのための試行調査）

　ある円 C 上を動く点 Q がある．図は定点 O$(0,0)$，A$_1$$(-9,0)$，A$_2$$(-5,-5)$，A$_3$$(5,-5)$，A$_4$$(9,0)$ に対して，線分 OQ，A$_1$Q，A$_2$Q，A$_3$Q，A$_4$Q のそれぞれの中点の軌跡である．このとき，円 C の方程式として最も適当なものを，下の ⓪〜⑦ のうちから一つ選べ．

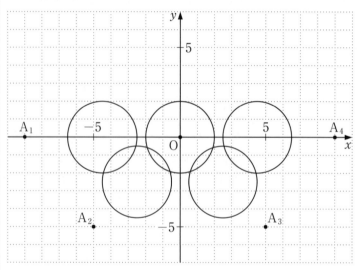

⓪　$x^2 + y^2 = 1$　　　　　①　$x^2 + y^2 = 2$

②　$x^2 + y^2 = 4$　　　　　③　$x^2 + y^2 = 16$

④　$x^2 + (y+1)^2 = 1$　　　⑤　$x^2 + (y+1)^2 = 2$

⑥　$x^2 + (y+1)^2 = 4$　　　⑦　$x^2 + (y+1)^2 = 16$

（2018年11月実施 プレテスト・数学ⅡB）

66

第2章　敷き詰めの数学

　このプレテストというのは，2018年11月．まだコロナが来るなんて誰も予期せぬ2018年．「あと一年半で東京オリンピックだ！」と，みんながわくわくしていた頃のプレテストの出題．プレテストというのは，「新しいテストをこんな雰囲気にちょっと衣替えしますよ」という《予告編》です．

　これ数学Ⅱの「軌跡」という内容．点の通り道みたいな意味の《軌跡》という言葉をいずれ学びます．君たち（1年生は）ちょっと選択肢の $x^2 + y^2 = \cdots$ ってのを見ても，まだ勉強していないから，これからなのでちょっと式を見ても分からないだろうと思うので問題は解かなくていいんですけど，でもなんか微笑ましくない？　この図形．

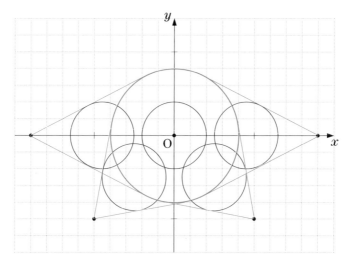

オリンピックですよね．だからなんとなくこの頃はオリンピック．にこっと，あと一年半で「オリンピック楽しみだな」

と，僕もそう思ってました．先ほどは「ブラジル選手団来ない
で」とか言ってますけども，この頃はね，平和だったんだ．
はい，オリンピックの五輪マークでございました．

〈組市松紋を観察しよう〉

　じゃあ続いては，実際に発表されているエンブレムを見てみ
ましょう．なんか四角形がね，びっしり埋まっているわけです
けど，四角形はどうやら，正方形のもの，ちょっと長いも
の，結構細長いものの3種類があることが，見ればわかるよ
ね．要するに市松模様の白黒の塗り分けられてるところに，3
種類の四角形が埋まってますね．

　ちなみに僕は「市松模様」といってるんだけど，市松模様っ
て言ったら一般には何を指すか知っていますか．こういう格子
があった時に，交互に白黒に塗り分ける．これを市松模様と
言います．チェスのボードってこういう形になってるよね．

第2章　敷き詰めの数学

　だから例えば，数学オリンピッ
クという高校生の大会があって，
数学オリンピックの大会の問題に
は，この市松模様を使った楽しい
数学がいろいろあったりします.

　で，このエンブレムね，もう一
回オリンピックのエンブレムを見
てみると，市松模様をいろいろと
変形させたもので，元々の市松模
様っていうのは「正方形」だけな
んだけど，何か3種類の正方形〜
長方形が使われているのはわかる
よね？

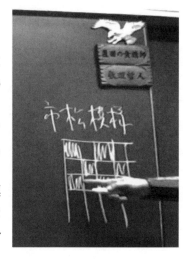

　これ，ちょっと作業時間がないので，もし興味あったら後
で数えて欲しいですが，オリンピックエンブレムが左，パラリ
ンピックが右. オリンピックとパラリンピックの，この部品が
使われている枚数がぴったり一致しています. ぴったり同じな
んです. 数えれば分かる話だからな.

　これが出た当時ネット上でビデオを作った人がいました.
このオリンピックとパラリンピックで部品の数がぴったり同じ
だから，オリンピックエンブレムからパラリンピックエンブレ
ムに図形が「ジャー」っと同時に移動して変形する. オリン
ピックからパラリンピックにパーツが移動して変形するという
ビデオを作って，ネット上で発表している人の作品を見たこと
があって，「よく作ったな」，「凄いな」って思ったことがあ
ります.

第2章　敷き詰めの数学

　ここではパーツの枚数が一致しているという事実を確認してください．次はね，私がコンピューター上のソフトウェアで加工してるんだけど，中にこういうさ，放射状の線が入ってるよね．これね，15°刻みでぐるぐるぐるっと書いてあって補助線を入れてありまして，これで何をしてほしいかというと，いろんなサイズの長方形たちが，傾いて使われてるでしょう？

　くるって傾いてるよね．＋−色んな向きに傾けて，いろいろな場所に散らばっています．傾いているものが水平な状態から時計回りあるいは反時計回りどっちでも，「何度傾いているの

か」というのはこのガイドラインと見比べると，ある程度分かるようになっているんですよ．

　これを使って，それぞれの部品の傾き具合がどうなってるのかな……っていうことを，もし時間があればいろいろ調べていこうというつもりで作ってあります．今はちょっとその時間が取れないので，次に行きます．

　次のページはね，元々はこうやって長方形が塗りつぶされて
いたんだけど，塗りつぶされてるね．こう深い紺色に．塗りつ
ぶされているのを薄いブルーに変えましたと．そういうのはコ
ンピューターのソフトウェアでイラストレーターというのを
使っているんですけど，それで僕がちょっと操作をして，長方
形の中が透けて見えるような感じにしました．

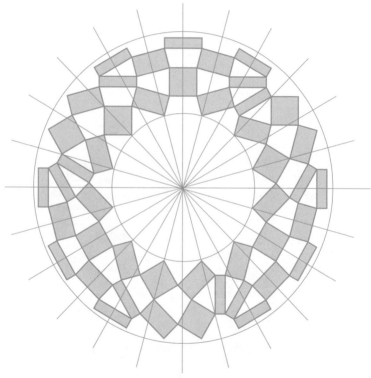

　これを中が透けて見える状態で，またこれも作業時間が取れ
るとですね，定規とかを使っていろいろ測ってみようというこ
とをやるんです．

第2章　敷き詰めの数学

　例えばこの長方形のサイズが2種類あるでしょ？　長いの
とちょっと短いのと．これが一体「縦横比」（長さの比）が
どうなってるのかな？　とかね．定規を当てて調べたりする
んだけど，なんかね，縦横の長さを調べてみるだけでは「なぜ
この形になってるのか」がよく分からないんですよ．

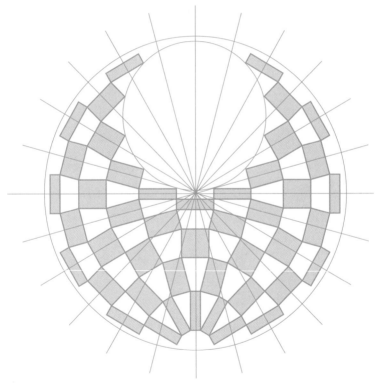

　分からないんですけど，やってくうちにですね，「あっ」と
気が付くことがあるんですけど，これも本当は時間を取って発
見してもらいたいところだったんだが，「あっ！」っていうの

73

はですね，対角線．対角線はね，全部同じ長さなんだよ．この正方形も長方形も．あらゆる対角線が．これ，定規を当てると分かるんだ．

　もし定規が手許にあったら当ててごらん．あらゆる対角線が同じ長さに作られているんですよ，これはね．そうか．あらゆる対角線が同じ長さに作られているということは，この3つの図形は一つの円の中に，共通に入るってことだよね．

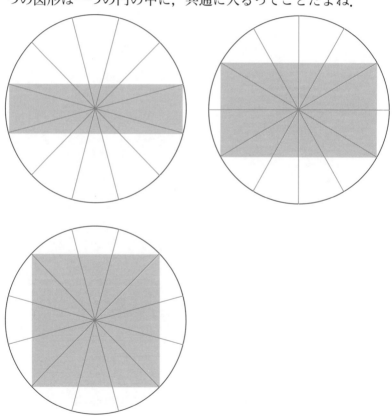

　共通に一つの円の中に共通に入るように作られている．と
いう様子を種明かし．

　青い色で塗ってあるのが3種類のこの正方形〜長方形は，
全部同じサイズの円の中にパコンと嵌まるようになっていて，
この縦横の長さの比というのは，縦横の長さを測っただけで
はよく分からなかったけど，対角線が交わる角度に意味があ
る．正方形の場合，対角線が直交してますよね．正方形は対角
線が直交してるけど，残りはですね対角線が60°で交わったり
30°で交わったりするように長方形が作られていた．つまり対
角線の交わりの角で90°のものと60°のものと30°のものの，
3種類でこの市松が敷き詰められていることが分かってきた．

〈対角線を観察しよう〉

　だんだんと
「数学的な仕掛けが入ってる」
感じが，してくるよね？
してくるね．

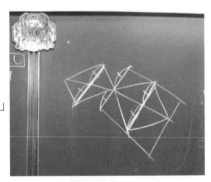

　次に，同じ長さの対角線をびっしり全部書き込んだ．この
対角線をじっと見ているとね，何ができるかというと今度は
ね，対角線，ここで隣り合う四角形，頂点を一緒にして隣り合
う，あるいは向かい合うというか，向かい合う対角線をね，
じーっと観察していると，向かい合う対角線，どこを見ても平
行になってたりしない？

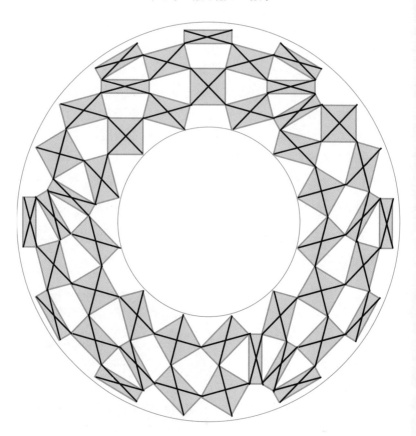

　向かい合う対角線はどこを見ても平行である．なってるよね，これね．なんか「この市松模様すげー」って感じしない？

　どこを見ても平行である．そこで次に何をやるかっていうとですね，じゃあこれと同じ長さの対角線を間に平行にはめる．これも本当は作業時間を取って「これを繰り返してごらん」ってやってもらうと楽しいんですけど．

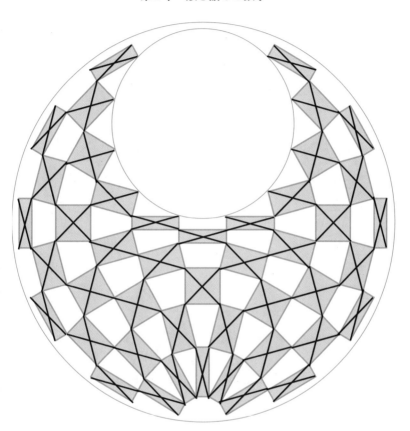

　この平行な対角線の間に同じ長さの線分を埋め込んでいく
ということをやってみる．次のページを見て，この追加した枠
だけを，じっと見てごらん．補った枠だけを見てみると，この
線は長さが全部等しい．元々の対角線が全部の長さが等しい
ので，補った四角形の方もですね，全部の線の長さが等しいで
す．全部．

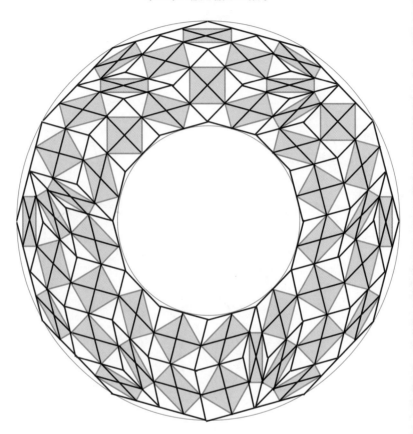

　　四角形の四辺の長さが等しいということは，その四角形は
何かというと，四辺が等しい四角形って，ひし形だよね．ひし
形．だから，この見開きページの2つの図をよく見てごら
ん．ひし形がぶわーっと，びしーっと敷き詰められている．

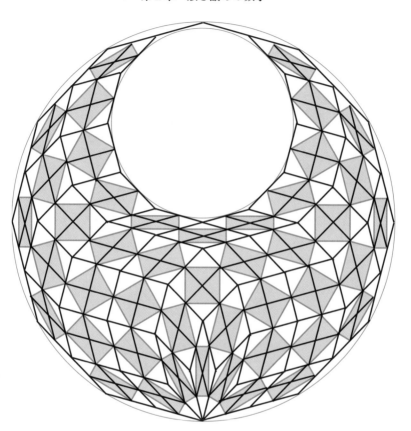

　次のページは，この敷き詰められたひし形たちを残して，元
のエンブレムとひし形だけを残した図形．ということはね，
これは今日の最初のウォーミングアップ問題，「どんな四角形
も中点4つを結ぶと平行四辺形になるんだ」という最初の問
題があったよね．その状況が次の2ページにびっしり詰まっ
ているんだよね．びっしり詰まってる．

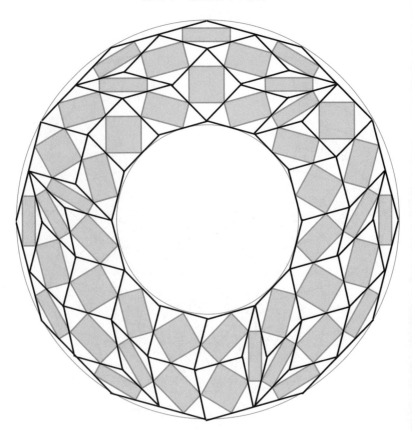

　あらゆる場所でひし形の中点を結んだ平行四辺形，この市
松があらゆる場所に埋まってるように作られていることが分
かった．

　なるほど．ということは今度はね，「市松模様を抜いて枠
のひし形だけ残そう」っていうのをやってみた．この赤い枠だ
けを残して，赤い枠の図形だけが最後残ります．

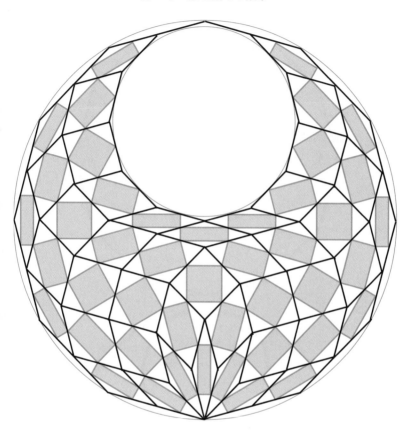

〈さいごに市松模様を抜いてみる〉

　これがデザイナーさん，野老さんの作った仕掛けであった．「よく作ったな！」って感じしない？
　デザイナーさんっていうのはね，もちろん感性とか美的感覚，いろいろなことが能力として必要なんだけど，この人，数学の力を使っているでしょ？

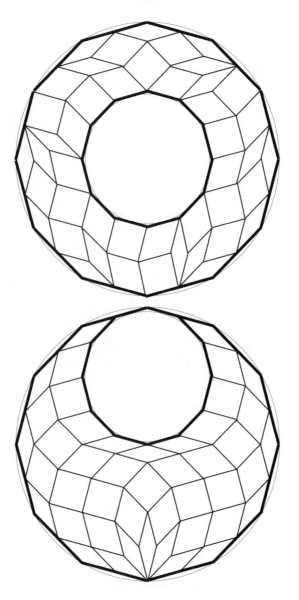

第2章　敷き詰めの数学

　野老さんのインタビューを読むと，「数学すごいな」というような憧憬，あこがれを語ってくれている．数学の構造がむき出しになったデザインは，数学に内在している摂理に導かれるように出来るということを「お会いできた」というように表現されています．いい仕事してるでしょ，この人ね．

　だから，学校の数学が出来るかどうかということと関係なく，卒業して何十年も経ってから，こんな作品を作っている方を見るとさ，「そうかっ！」って気になってこないか？

　やっぱり自分の仕事とか，自分ごとになってきて真面目にやったら，これだけのことができるわけですよ．これはすごいと思うよ．僕は数学をずっとやり続けてるけど，やっぱりこのデザインの仕組みを見て，「野老さん凄いなあ」って僕は思います．だから紹介しているわけ．

　あとはね，こういうデザインとかそういう美術作品とか作るのに，いくつか人の名前挙げておくとね，例えばレオナルド・ダ・ヴィンチとかさ，名前聞いたことあるよね．作品も知ってる人いると思うけど，「解体新書」とかいろんなものを作ってますね．やっぱり数学の力を使ってますよ．

　あとはね，エッシャーっていう人ね．オランダの画家で，日本でも何年かごとに「エッシャー展」っていうのがあるけど，「だまし絵」とか，数学的なアイデアを入れた絵を作っているという人です．

　こういうダ・ヴィンチとかエッシャーとか見ると「一流の絵を描くにはやっぱり数学の力を使っているんだな」ということが感じられる．僕はそういうことをやっぱり感じるので，君たちも，もし「絵とか美術とかいう方向で頑張ってみよう」と思う人がいたらね，数学をちゃんと勉強することを強くお

第2章　敷き詰めの数学

勧めしたい．その分野に限らずあらゆることに数学というものが関係している．世の中のあらゆることに関係しています．ということを伝えたい．

　じゃあ今日は皆さん，お疲れさまでした．君たちとたった1時間でお別れになるのは寂しいけれども，また次を楽しみにしております．みんなもいろいろコロナはじめ，理不尽な世の中ではありますけど，自分の目標を持ってしっかり心を揺るがせないように頑張ってくれればと期待しております．

　はい．それでは今日はここまでということでお疲れさま！
（ゴング）

生徒たち：（拍手）（号令）ありがとうございました！

84

第2章　敷き詰めの数学

ダ・ヴィンチ「解体新書」のパロディが表紙になった
算数仮面の「算数MANIA」

第3章　ＳＩＲ方程式
＠首里高校

【 2020 年 9 月 17 日に実施した
講演のアーカイブ】

（講義映像はこちら⇑）

〈関数方程式とは何か〉

数理哲人：今日は「微分方程式」の話をしていきます．教科書の勉強では，関数方程式とか積分方程式と言われるものがちょっとだけ出てきます．どういうことかというと，普通の《方程式》というのは，《変数 x が満たす条件》が与えられる．例えば簡単な 2 次方程式ってそうですよね．例えば

$$x^2 - 3x + 2 = 0$$

というのは変数 x が満たす条件．$(x-1)(x-2)=0$ と因数分解できることから簡単に解けて $x=1$ または $x=2$ と解けますよね．それを《解》，solution といいます．これが通常の方程式で，それ自体は中学校からももう勉強してきたわけですね．

　これから皆さんが数学Ⅲを勉強すると，関数が満たす方程式を考えることになります．$f(x)$ という関数が満たす条件式を学びます．それは「定積分で表された関数」といわれる項目です．もうやった？　やったと……，うん．

第3章　ＳＩＲ方程式

　ちなみに私の積分はこうやって……目を入れるだけで命が宿る．「積分くん」ってやつがいる．黒板の上に生息している「積分くん」というのがいるんです．積分くんの区間の端に，x とかが居るとさ……，$\int_a^x f(t)dt$ これは x の関数になるよね，この定積分自体が．この中に $f(t)dt$ とか書いてあって，条件があって，この $f(t)$ を求めようというタイプの問題は，教科書でもありますね．そういうのは「 $f(t)$ を求めよう」だから関数方程式．

　その関数方程式の中に《微分方程式》とか，いま言った《積分方程式》の類のものがあります．積分方程式，まあ僕らは一変数の積分方程式を教科書や大学受験でちょこちょこってやるぐらいなんだけど，これを使った技術の結晶があるよ．

第3章　ＳＩＲ方程式

　例えば「ＣＴスキャン」とか，知ってるかな．日本はＣＴス
キャナーが人口当たり台数でものすごく普及しているから，肺
炎も早く見つけられたり，治療の能力が高い．

　日本の医療の評価が高いと言われている要素の中にＣＴス
キャンっていうのがあるけど，あれって「体を開けないで中を
見ている」よね．脳とか，割らずに見てるよね，頭蓋骨を割
らずに脳の中を見ている．すごいことだよね．当然，数学の
おかげなんだよ．これは微分方程式ですよ．その仕組みとか
をいま語る時間は取れないけど，数学なしにあんな技術はあ
り得ないんですよ．これは「♪微分・積分・いい気分♪」のす
ごい成果ですね．

　で，微分方程式というのは何か．$f(x)$ とか $f'(x)$ のような
ものが満たす等式を《微分方程式》と言いますね．この中
で，おそらく何割かの人は，物理を選択していますよね．微分
方程式の非常に有名な例は，ニュートン力学の運動方程式

$$\overrightarrow{F} = m\overrightarrow{a}$$

でしょう．力を加えると，それに比例した加速が生じる．質
量 m が比例定数．力が「原因」で加速が「結果」だね．加速
というのはさ，位置を時間変数で微分したのが速度．

　　　時刻 t での位置 $x(t)$ に対し，

　　　速度は $v(t) = \dfrac{d}{dt}x(t)$

　　　加速度は $a(t) = \dfrac{d}{dt}v(t) = \dfrac{d^2}{dt^2}x(t)$

第3章　ＳＩＲ方程式

もう一回微分したのが加速度だから，これは（位置を時間で表す関数を）2回微分しているんだよな．加速度は位置の2回微分．これは物理選択者にしか通じない言葉かもしれませんけど．だからこれも微分方程式ですね．

〈ゾンビの漸化式〉

次に，皆さんに事前に配布した問題を見て下さい．数列の問題であり，「漸化式と極限」と言われるタイプの問題ですけれども，ここまでに述べてきた「微分方程式」と関係があるんですよ．まず，問題を掲載します．

【問題例】（ゾンビの漸化式）

人口が P 人である国家に，ある日 a_1 人のゾンビ集団が現れた．この日を1日目と数えて n 日目のゾンビの人数を a_n とする．ゾンビは周囲の人間の一人を選択して噛み付き，相手をゾンビにしてしまう．連日にわたる新規ゾンビの出現を問題視した国の衛生当局は，専門家委員会を組織して，数学モデルによりゾンビの増殖について予測を立てることにした．

以下では a_n が必ずしも整数値をとるものではないが，そのことは問題としない．また，一度ゾンビになった者は回復する（人間に戻る）ことはないものとする．

89

第3章　ＳＩＲ方程式

(1) 最初の数日のゾンビ発生状況を観察したところ, n 日目のゾンビの数 a_n と, 翌日 $n+1$ 日目の新規ゾンビの数 $a_{n+1} - a_n$ の間に比例関係を見出すことができた. この比例定数を α （ $\alpha > 0$ ）として,

$$a_{n+1} - a_n = \alpha a_n \cdots\cdots ①$$

というモデルが考案された. ゾンビの数がモデル①に基づくと仮定するとき, a_n を求めよ.

(2) モデル①に対して, 数学者より「十分大きな n において a_n が発散することになってしまうので妥当でない」という異論が挟まれた. さらにゾンビ発生状況を観察したところ, $n+1$ 日目の新規ゾンビの数 $a_{n+1} - a_n$ は, n 日目のゾンビの数 a_n とともに, n 日目の人間の数 $P - a_n$ にも比例していることがわかった. この比例定数を β （ $\beta > 0$ ）として,

$$a_{n+1} - a_n = \beta a_n (P - a_n) \cdots\cdots ②$$

と修正したモデルが考案された. また, β の値は $\beta P < 1$ をみたすほど小さいことがわかっている. ゾンビの数がモデル②に基づくと仮定するとき, 数列 $\{a_n\}$ は収束することを示し, その極限値 $\lim_{n \to \infty} a_n$ を求めよ.

（難関大２次試験を想定して模擬試験に出題したもの）

第3章　ＳＩＲ方程式

　「ゾンビの漸化式」と書きましたが, 微分・積分の話だっ
たと思ったのが, ちょっと違う分野（数列）になっている.
「漸化式」とは何だろう. それは, 数列 $\{a_n\}$ が満たす条件式
＝方程式が漸化式で, それを解いて一般項を求めるケースとい
うのはまさに数列 $\{a_n\}$ を解として求めているということだよ
ね. これは学校の勉強では, 数学Ｂでは「数列が満たす方程
式」としての「漸化式」を学び, それを解く方法を学んでい
る. 数学Ⅲになると, 漸化式を解くケースだけじゃなくて極限
とかを考えていくような話が出てきたりします.

　漸化式というのは「数列の方程式だったんだ」と言われて,
「あ, まぁそうだね」って感じは, する？　君たち理系だっ
たら. 「漸化式は数列の方程式なのだ」という認識を持と
う. そこで, 微分方程式と漸化式を特に比較するとね……,

第3章　ＳＩＲ方程式

微分方程式が扱っているものは連続した量. 変数 x と関数 $f(x)$ の値は, いずれも連続して変化しますね. それに対して数列の方は整数値 n に対して実数値 a_n を対応させるので, 「離散量を取り扱う方程式」ということになる.

　そう考えると数列と関数には共通点があって, 例えば, 階差数列の符号からその付近での数列の増加・減少が判断できるということと, 導関数の符号を使って関数が増えているのか減っているのかを, 増減表を書きつつ判断できる. いま「似てる」と言いましたけど, それは考えている対象が《連続》であるか《離散》であるかという違いはあるものの, 計算上の技術は違うけど, 考え方は共通しているわけですね.

〈微分と差分〉

　次は, 《微分》と《差分》という話にいきますね. 数列 $\{a_n\}$ の階差数列を Δa_n とすると, それって

$$\Delta a_n = a_{n+1} - a_n$$

だよね. 微分とは何のことだったかというと, 変数 $f(x)$ を変数 x で微分するとしたら, 君たち数学Ⅲを履修しているから, こうやって $\dfrac{d}{dx} f(x)$ って表示がありますよね. これ, Δ とやっぱり似てるんだよね. 何だったかっていうと,

$$f'(x) = \lim_{h \to 0} \frac{f(x+h) - f(x)}{h}$$

これは微分の《定義》だったね.

　階差数列と微分の定義を見比べてもらうと，確かに「やってることが一緒かも」と思えるかな．これは一般項 a_n というのをさ，カッコつけると $\{a_n\}$ で，離散変数 n の関数がここに見えるよね？　それで，$n+1$ のときの値と n のときの値の差をとっているんだよね．整数の変数ってステップが1ずつしか増えないから，《1ぶんの》だったんですね.

$$\Delta a_n = \frac{a_{n+1} - a_n}{1} = \frac{a_{n+1} - a_n}{(n+1) - n}$$

　差分の方で分母が《1ぶんの》だったのが，微分の方では《h ぶんの》に替わって極限をとっているのだから……，

$$f'(x) = \lim_{h \to 0} \frac{f(x+h) - f(x)}{h} = \lim_{h \to 0} \frac{f(x+h) - f(x)}{(x+h) - x}$$

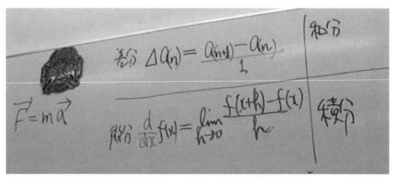

　こうやってみたら「ああ，やってること同じだ」って言えますよね．同じに見えてきた？

見えるね，うん.

第3章　ＳＩＲ方程式

〈積分と和分〉

　そうするとこの《差分》と《微分》に対して，それぞれ逆の計算として《和分》と《積分》というのを対比したらどう見えるのだろうか……と考える．じゃあまず《積分》の方からいくと，F の微分が f のとき，α から β の $f(x)dx$，定積分の値は，$F(\beta) - F(\alpha)$．

$$\int_\alpha^\beta f(x)dx = F(\beta) - F(\alpha)$$

これが定積分なんだよね．じゃあ《和分》の方はどうかというと，これは，$\Sigma(\Delta a_k)$ を 1 から n まで，Δa_k を足し込むことにする．

$$\sum_{k=1}^n \Delta a_k =$$

Δa_k だとあんまり見慣れていないだろうから，見慣れた形に直すと……，

$$\sum_{k=1}^n (a_{k+1} - a_k) =$$

この計算は君たち，パッと瞬時に行けるかな？
この計算をするときに，私の場合は頭蓋骨の中をね，
　　　　ピュッピシッピシッ
って音が私の頭蓋骨の中で反響している．自分の普段のクラスではね，「みんなで声を出そう！」って言って，「ピシッピシッ」って……，ちょっとやってごらん？
はい，声を出そう！

第3章　ＳＩＲ方程式

（生徒たち，ピュッピシッ……と，少しだけ応じる）

……まだ，はにかみが……もっともっと！

ちょっと楽しくなってくるよね．まあみんなマスクをしている
から……，これぐらいだったらそんなに飛沫は飛ばない．

$$\sum_{k=1}^{n}(a_{k+1}-a_k)=(a_2-a_1)+(a_3-a_2)+(a_4-a_3)+\cdots$$

$$\cdots+(a_n-a_{n-1})+(a_{n+1}-a_n)+\cdots$$

はい，実際にどんどん足していくと，

ピシッピシッピシッ……

っと項が消えていくよね．消えていく結果……

$$\sum_{k=1}^{n}(a_{k+1}-a_k)=a_{n+1}-a_1$$

と，こうなりますよね．これは教科書ではあまり強調されてい
ないのだが，これ"Telescoping sum"という．
あるいは"Telescoping method"といって，シグマの計算に
関して，根本的に重要な原理なんだな．

　まぁ書いて自分で消せば，こうなるのは分かるよね．みん
な理系だもんね．これってですね，上と下を見比べてごらん．
似ているよね？

第3章　ＳＩＲ方程式

$$\sum_{k=1}^{n}\left(a_{k+1}-a_k\right)=a_{n+1}-a_1$$

$$\int_{\alpha}^{\beta}f(x)dx=F(\beta)-F(\alpha)$$

　両端の差ってことですよね，上（数列の和）も両端の差，下（定積分）も両端の差．この上の "Telescoping sum" というのは，僕は例え話としてどう説明してるかというと，お小遣い帳をつけます．９月１日，２日，３日ってずっとお小遣い帳をつけて，日ごとに「今日はお小遣い貰ったプラス三千円」とかね．「今日は○○を買った，マイナス千円」とか記録して，日ごとにプラス／マイナス，増分／減少分を日ごとに集計していって，９月３０日まで１カ月間の日々のプラス・マイナスを集計したとき，どうなるか．

　これは結局，月間トータルでお金が増えたか減ったかということなので，１日ごとの増えた分／減った分を 30 日間トータルに全部たすと，その結果は（月末残高）−（月始め残高）になるはずだよね．合わなきゃおかしいよな，計算が．一日ごとの増える／減るを観測して，それをある期間，９月ま

るごと1か月間で足したら，ちょうど足し終えた結果という
のは（月末残高）―（月始め残高）と，必ず一致しなければ
いけませんよね．一致していなければ計算は間違っているはず
です……．この話と同じだよね．

$$\sum_{k=1}^{n}\left(a_{k+1}-a_k\right)=a_{n+1}-a_1$$

　日ごとのプラスマイナスもありますが，ここで右辺が（月末
残高）―（月始め残高）を意味しているから，そういうイメー
ジをちゃんと理解すると，これは実に当たり前の式になる．
　今度はそこから，積分の方もこれは結局《離散》と《連
続》で対応しているのだから，定積分も $f(\beta)-f(\alpha)$ っていう
のは「そうかっ」と．

$$\int_{\alpha}^{\beta}f(x)dx=F(\beta)-F(\alpha)$$

（ $x=\beta$ のときの残高）―（ $x=\alpha$ のときの残高）という，
「時々刻々と差が蓄積されたもの」が定積分なのだというこ
とになる．
　こういう話は積分ということの《根本的な意味》を話してい
るのです．皆さんはどうしても受験勉強とか教科書とか試験の
勉強とかをしてる間にね，得てしてありがちなのが「積分って
何だっけ？」という本来の意味を忘れて，手だけが動くように
なる．ひたすら目の前のテストのために「意味を忘れて手だけ
動く」という状況が，何割かの人には，おそらく生まれる．
　まぁそういうものなんだよ，受験勉強ってね．それ自体を
責めているわけじゃないんだけど，そうなりがちだから，ハッ

第3章　SIR方程式

と「あ，そうか，積分って……俺は何もやってるんだ？」っていうことを考えてみる機会にして欲しい．

　さて，ここまで出てきた4つの概念《差分／和分／微分／積分》の関係を，じっと考えてみてほしい．《差分と和分》は逆向きの計算で，《微分と積分》の間にも逆向きの計算という関係があった．

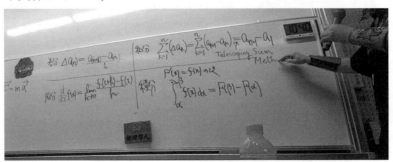

　また《差分と微分》はどうかな．上（差分）が離散量，下（微分）が連続量．《和分と積分》も同様で，上（和分）が離散量，下（積分）が連続量．それから左と右は，左がある数列／関数の《変化率》をみる方の計算．右の和分／積分は《累積・蓄積》を見ていく，変化率をみるのとは逆向きの計算ということで，この4つの位置関係は意味をもって並べています．

　だからあとは君たちがねこれを……，これはできればちょっと手元に書き取っといてくれるといいかな．これ非常に大事な図ですからね，この1枚は．これを見て時々立ち止まって，やっていることの意味を考えるという助けにしてくれればと思います．

第3章　ＳＩＲ方程式

　この対応が分かると，微分と積分の一番根本的な「微分と積分では何をやってるのだろうか？」という一番の基本がここにあるのですね．そういう機会にしてくれればと思います．

　微分と積分って連続量だよね．上が《離散》，下が《連続》という概念の対応がありますけれども，これをね，《連続》であるものについて《微分方程式》，連続であるような関数についての条件式を，微分方程式とか《積分方程式》と，先ほど分類を話しました．

　それから離散量に関しては《差分方程式》とか《和分方程式》という専門用語もあるのですが，通常は差分方程式という代わりに，高校生の勉強では《漸化式》と言います．つまり漸化式とは，差分方程式なんです．まあ全部が差分方程式というわけじゃないけど，漸化式の一部が《差分》で表示されている．特に「階差数列」を利用して漸化式を解くようなタイプの問題って高校生の学習項目としてメジャーだけど，その辺は《差分方程式》と呼んでもいいようなものたちです．

〈感染症のモデルをつくる〉

　そうすると，また感染症の話に戻っていくのですけど，この問題の中に入れた感染症のモデルっていうのはさ，ゾンビの例えでいこうか．ゾンビ映画のパターンというのは，ある日1人のゾンビが社会の中に出現した．でもそいつがゾンビであることにはみんな気づいていない．ゾンビは相手と一対一になったときに襲いかかって，相手もゾンビになってしまう．で

第3章　ＳＩＲ方程式

も表面は人間なので，その人がゾンビであるかどうか分からない，といってだんだん怖い話になっていくんだよね.

　ゾンビというのは最初一人しかいないとき，一人のゾンビが襲いかかるときにはやっぱり一対一の時に襲っているから，そんなにチャンスがたくさんあるわけではない．あるチャンスを捉えて，相手をゾンビにした．ところがゾンビが増えてくと，どんどんチャンスが増えますから，一人のゾンビが増やしてくのと 10 人のゾンビが増やしていくのだったら，やっぱり 10 人のゾンビが増やしたほうが増えるパワーは 10 倍になるよね．その辺の概念を微分方程式に当てはめるとどうなるだろう？

　ゾンビが出現してから t 日目のゾンビの数を $y(t)$. この t 日目っていうとさ，だったら n 日目って言えばいいので，もう t 日目っていうよりも時刻 t の連続量でとりましょう．時刻 t のゾンビの数 $y(t)$. というのはゾンビは人数がたくさんいれば獲物をゾンビにしていく，増殖していく変化率を大きく取れますから……，ゾンビの変化率 $y'(t)$ というのは，ゾンビ自身の人数 $y(t)$ が多ければたくさん増えますから，$y'(t)$ は $y(t)$ に正比例すると考えられる．そこで比例定数として正数 k をとって，

$$y'(t) = k\,y(t)$$

という関係式を満たすという「モデル」を考えると，まぁもっともらしいですよね.

第3章　ＳＩＲ方程式

　これ微分方程式だよね．関数 y とその微分の間の方程式だから．これぐらいの例は教科書に微かに載ってるかどうかって感じなんだけど，これ「微分すると自分の定数倍になる関数」って，君たちちょっと自分の計算の経験，微分計算の経験から，微分したら自分の 2 倍になる関数って，e^{2t} とかってそうだよね？　e^{2t} って微分すると（導関数は）$2e^{2t}$ だからさ．そうか．$y'(t) = k\,y(t)$ をみたす関数 y っていうのは，e^{kt} という形をしているものが見つかるし，その定数倍たちもみんなそうだよね．

　つまり君たちは $y'(t) = k\,y(t)$ という方程式をある手続きで解くということは，まだ勉強していないわけだけれども，でも $y(t)$ として $y(t) = Ae^{kt}$ だったら，微分したときに $y'(t) = Ake^{kt}$ となって，上の条件を満たしてるというのは分かりますよね？

　そのときにね，今は「きちんと」は解いていないよね．きちんと解くプロセスっていうのをやっていく時間は厳しそうだ．でも $y(t) = Ae^{kt}$ が $y'(t) = k\,y(t)$ の方程式の解になっているということは確認はできる．

　これは「解を見つけたぞ」，「発見した」という状況．本当は見つけたってのはこの下の解 $y(t) = Ae^{kt}$ が上の方程式 $y'(t) = k\,y(t)$ を満たす「十分条件」ということですね．「必要性」はここではやっていない．本当は必要条件としてちゃんと方程式を解くということをやるんだけど，それは「微分方程式」という単元の学習をちゃんとカリキュラムに沿ってやって

101

第3章　ＳＩＲ方程式

いくことになります．ただ，今の高校生には《微分方程式》は
お話としてちょっとやるぐらいで，大学受験で本格的に出題す
るということは，いまのところはないので，そこは心配しな
くてよいです．

　これ要するに時刻 t という連続量に対して微分方程式を解く
と，解として指数関数が出てくるということになるんだけど．
ところがですね，実際の感染症とかは，どうだろう．ゾンビ
が増えてきて毎日テレビで「本日のゾンビは沖縄県に 13 名発
生」とかさ，困るよね，そういうのはね．「東京都は 150 人
のゾンビ！」とかいうのが毎日放送されるような日が来ない
ことを望みますが……，ゾンビの数ってやっぱり実際には連続
量の時刻に沿ってじわじわ増えるんだけど，統計量としては一
日単位でしかわからないよね．「今日のゾンビ 150 人」みた
いなことしか分からないですよね．だから離散量の数列のモデ
ルにしてもいいわけですよ．

　そこで実は，この話っていうのは【問題例】（ゾンビの漸
化式）を見てもらうと，①の漸化式，

$$a_{n+1} - a_n = \alpha \, a_n$$

っていう漸化式を立てている．問(1)は簡単で，ちょっと解け
ば，

$$a_{n+1} = (1+\alpha) \, a_n$$

だから「等比数列だ！」ってすぐに分かる．簡単なんですけ
ど，これってこちらの微分方程式

$$\frac{dy}{dt} = ky$$

を作った考え方と同じなんだよね．こちらは t が連続的に変化する．

$$a_{n+1} - a_n = \alpha\, a_n \quad \Leftrightarrow \quad a_{n+1} = (1+\alpha)\, a_n$$

こちら n が整数値で飛び飛びに，離散的に変化する．だから「本日の新規ゾンビ」っていうのが左辺（ $a_{n+1} - a_n$ ）ですね．左辺が本日のゾンビで，右辺（ $\alpha\, a_n$ ）の a_n は，昨日までの累積したゾンビ，累積ゾンビ数．感染症でいうと累積患者数といいますね．

　だから左辺が変化率．右辺は（累積の値）×（比例定数）．同じじゃないですか．こちらの微分方程式を解いたら，指数関数が出て来た．【問題例】（ゾンビの漸化式）の問 (1) の漸化式を解くと，どうなるか．問 (1) は理系の人たちからしたら，問題文の日本語がちゃんと読解できれば数学の問題としては実に簡単で，a_n を移項して，$a_{n+1} = (\alpha+1)a_n$ になるから，公比 $1+\alpha$ の等比数列ということになる．簡単だよね．

　つまり，この漸化式は「変化率が自分自身の累積総量と比例する」というモデルの場合，解が等比数列になるのです．こちらはそれを連続量の時間に置き換えたとき，解は指数関数になるのです．だから「指数関数と等比数列って同じもの」だよね．関数と数列という違いはあるけど，もっている性質に着目すれば，同じものです．

第3章　SIR方程式

〈モデルを修正する〉

　このようにこちらは微分方程式なんだけど，【問題例】は数列の問題として出題されています．こういう《手口》っていうのはね，出題の手口，いま文部科学省の学習指導要領では微分方程式は出題できない．正面からは出題できないことになっています．だから大学の先生たちは，「そうか，微分方程式を出したいけど出題できないのか……じゃあしょうがない．数列の問題として出題しよう」といって，いま僕がここでやったことと同じことが，大学入試でも時々行なわれています．

　こういうのは，微分方程式を差分方程式に書き換えるということで，連続から離散に同じ問題を書き換えるので，こういう書き換えの操作を《差分化》と言います．問題を作る側の目線ですけど，微分方程式の問題が大学入試に出せなくなった現在は，ゾンビの問題みたいに《差分化》すれば数列の問題として，学習指導要領から外れることなく出題ができる．一部の大学の先生は，この事実に気づいて，実行に移しているのです．

第3章　ＳＩＲ方程式

　さて，これはですね，この問(1)を解いてみた結果，指数関数になった，もしくは等比数列になったと．ここで僕ら理系は，極限というのを考えます．指数関数は t が十分長い時間が経過したとき，発散しますね．$+\infty$ に発散しますね，解は．

$$y(t) = Ae^{kt} \to +\infty \qquad (t \to +\infty)$$

　それからプリントの漸化式の方も，出てきた解の等比数列ですから，n 日目の n を無限に持っていくと，$+\infty$ に発散してしまいます．

$$a_n = (1+\alpha)^{n-1} a_1 \to +\infty \qquad (n \to +\infty)$$

無限に発散する．ゾンビ映画って最後はゾンビに占領されて人類が滅亡して終わるか，ギリギリヒーローの闘いでゾンビが倒されるか，どっちかなんだけどね．でも無限に飛んで行ったときに $+\infty$ に発散する……実際にはゾンビ映画って最後は，残った数名のヒーローとゾンビたちとの死闘になるから，等比数列になってないでしょ．

　つまりこのゾンビのモデルっていうのは初期のうちは，1人のゾンビが出現してからしばらくの間は，わーっと指数関数的に，等比数列的に増えていくけど，だんだん，だんだん人口の半分以上がゾンビになると，もう増加が抑制されていきますよね．これは感染症で言うところの「集団免疫獲得状態」ですよね．集団免疫が獲得されればあんまり増えなくなる．だからこのモデルっていうのはパンデミックの初期には当てはまるけど，ある程度広がってきたらこのモデルは妥当しなくなるのではないか？

第3章　ＳＩＲ方程式

　当然「モデルがどこまで適用されるか」ということを，理系の人は考えるわけです．で，この問題，問 (2) の方ですね．「これはおかしい」ということでモデルを直しました．直した漸化式がどういうものかだけど，人口 population を P として，人口 P に対してゾンビでない人はどれくらいか．累積ゾンビを a_n とすると，人間として残ってるのが $P-a_n$．$P-a_n$ が減ってくれば，ゾンビの増加も抑えられる．増加率＝変化率も抑えられてくるはずだから，$P-a_n$ にも比例するようになるだろうと，そのような項を入れる．

$$a_{n+1} - a_n = \beta a_n (P - a_n)$$

そうするとその結果の解はどうなるか？　その辺は配布してあるプリントにいろいろと書いてある（本書では後掲）から，興味を持った人はあとでゆっくり読んでください．ゾンビの数 $y(t)$ があって，一応その社会集団の人口 N という上限があったときに，まぁ直感的に考えて最初ゾンビが発生した．最初はぐわーっと増えてやばい，まずい．

　だけど最初は指数関数的に行くのだけどずーっと指数関数的に天井を突き破るってことは現実にないので，だんだんゾンビの増加が抑えられていって，これは最後のゾンビ映画の結末の死闘の状態ですよね？

　残った少ないヒーローたちとゾンビの闘い．こういう状況が解になるわけです．修正したモデルに対してはこういうことになる．これってゾンビの数の《積分形》だよね．ゾンビの累積で，ここのちびっとした部分が差分．新規ゾンビ．

第3章 ＳＩＲ方程式

　これをですね今度は，この上の関数を微分すると下がどう
いう曲線が現われるかというと，こうなるんだ（釣り鐘のよ
うなグラフが現れる）．この下の図に見覚えないか？
　厚生労働省ウェブサイトでさ，私たちは感染症をどう抑制す
るかってさ，医療資源の限界って，提供できる医療体制の限
界．それを超えたらバタバタ死んでしまう，まずい．だから
「みんなで行動を抑制して時間を稼ごう」って言ってるんだよ
ね．これもう（2020年の）3月の時点で日本政府が言ってい
たのです．
「時間を稼ぐしかないんだ，俺たちは」と．時間を稼ぐってい
うのはどうするかというと，時間を稼ぐことによってこのカー
ブをこういう風に（提供できる医療資源量を，ピークが超えな
いように）変えようと．
　これ（次ページのもの）は厚生労働省ホームページとか新
聞とかによく載っていた図ですよ．その間に医療提供体制を整
えて，ピークが（提供できる医療の総量を）超えないようにし
ましょうと言って，（2020年の）4月〜5月はこれを，みん
なでやったわけですよ．

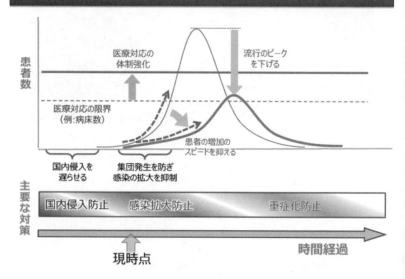

新型コロナウイルス対策の目的（基本的な考え方）

患者数

医療対応の
体制強化

流行のピーク
を下げる

医療対応の限界
（例：病床数）

患者の増加の
スピードを抑える

国内侵入を
遅らせる

集団発生を防ぎ
感染の拡大を抑制

主要な対策

国内侵入防止　感染拡大防止　重症化防止

現時点

時間経過

出典：厚生労働省ホームページ

https://www.mhlw.go.jp/content/10900000/000617799.pdf

　だから上の方の感染症の微分方程式を解いた結果の解の関数
を微分した表示が下の図で，これが一応日本の政策として厚生
労働省から流布されていた．

　ただ，「これは微分したものです」とか言っても国民はわ
からないから，結論だけを示すんだよね．つまり政府の政
策っていうのは基本的には「国民に説明しても，どうせ解らな
いだろ」と，結果しか示されないんですよ．だからその結果が
示されたものを見たときに，僕はやっぱり数学の専門家です
から「微分したグラフをこういう風にして時間を稼ぐっていう

のが国の作戦なんだな」と僕なりに理解をして，「そうか，この（釣鐘型の）カーブを変えるためにはみんなで行動を変えて，お店を閉めたり休業したりして人の流れが起こらないようにみんなで協力するということなんだな」，「分かった．じゃあウチも協力しよう」と，行動しているわけです．

　だから政策とかを説明するときにはね，本当はそうやって多少は数学的な背景とか理由とか根拠を言ってくれた方が「俺は納得するんだけど」って思うのだけど，みんな結論しか言わないんですね．

　ということで数学を勉強する人はね，数学という学問の規範自体が，「結論だけを語る」というのは，数学関係者は認めないのですよ．「証明を付けろ」とか「根拠はなんだ」ってやりますよね．数学専門だけじゃなくても理系全般の皆さんにとってはですね，物ごとの結論だけ示されたときには「必ず警戒せよ」と．そして「根拠はあるのか」，可能であれば調査し，自分で判断する．要するにね，「判断を人任せにしない」ということだよ．自分の頭の中で判断できるようになろうよ．

第3章　ＳＩＲ方程式

　そういうのは僕は，「判断の座標軸を他人に委ねるのか，自分の頭蓋骨の中にもつのか，どちらが君の人生にとって有益だろう？」と，「知らぬが仏」ともいう，また別の言葉もあるんだけど，いや，これからは何が起こるかわからない世の中ですから，こういう予測不能なパンデミックみたいなことがあったら，判断の座標軸を人に委ねるより，自分で持っていた方がいいよね？

　数学という科目はそういう判断の座標軸を自分で持つための基礎科目で重要だと思って，僕はそういうことも広めたい．いまの季節なりのお話はね，そんな感じでございます．

　はい，お時間が来てしまいました．私としては非常に名残惜しい．もしまた次の機会があれば，ぜひ先生がた，またよろしくお願いします．そして皆さんもあと数ヵ月後で共通テスト＝タイトルマッチが待っているね．「絶対に諦めないぞこのやろう」ということで頑張ってください．

　本来であればみんなで立ち上がって「おいこのやろう！」と唱和すべきところでございますが，まぁこういうご時世なので，皆さん心の中でご協力をお願いします．4か月〜5か月後のタイトルマッチに向けて，「しんどい状況でも絶対に諦めないぞ，このやろう！」という気持ちを胸に秘めて叫ぼう！せーの！

（心の中で，おい，このやろ〜と唱和）

カンカンカンカーン！（ゴング）

ということで，皆さんの武運長久をお祈りしております．
今日はありがとうございました．（拍手）

第3章　ＳＩＲ方程式

【問題例】（ゾンビの漸化式）の解答例

(1) ①より　$a_{n+1} = (1+\alpha)a_n$

数列 $\{a_n\}$ は公比 $1+\alpha$ の等比数列であるから,

$$a_n = (1+\alpha)^{n-1}a_1$$

(2) ②より　$a_{n+1} = a_n + \beta a_n(P - a_n)$

$$P - a_{n+1} = P - a_n - \beta a_n(P - a_n)$$
$$= (1 - \beta a_n)(P - a_n) \quad \cdots\cdots③$$

ここで a_n の定義から $0 < a_n < P$ であることに注意して,

$$0 < \beta a_n < \beta P < 1$$

よって, ②の符号は,

$$a_{n+1} - a_n = \beta a_n(P - a_n) > 0$$

つまり, $a_n < a_{n+1}$ であり, $\{a_n\}$ は増加数列である.

$$0 < a_1 < \cdots < a_n < a_{n+1} < \cdots < P$$

$\beta(>0)$ をかけて,

$$0 < \beta a_1 < \beta a_n < \beta P < 1$$

よって, $0 < 1 - \beta a_n < 1 - \beta a_1 < 1$

③と合わせて,

$$P - a_{n+1} < (1 - \beta a_n)(P - a_n) < (1 - \beta a_1)(P - a_n)$$

これを繰り返すと,

第3章　ＳＩＲ方程式

$$0 < P - a_n < \left(1 - \beta a_1\right)^{n-1} \left(P - a_1\right)$$

$\lim\limits_{n \to \infty} \left(1 - \beta a_1\right)^{n-1} = 0$ だから，はさみうちの原理より，

$$\lim_{n \to \infty} \left(P - a_n\right) = 0$$

すなわち，$\lim\limits_{n \to \infty} a_n = P$ である．

［参考］

$$a_{n+1} - a_n = \beta a_n \left(P - a_n\right) \cdots\cdots ②$$

のモデルに対して「不動点反復法」による図示を行う．

$$a_{n+1} = a_n + \beta a_n \left(P - a_n\right)$$

$$a_{n+1} = \beta a_n \left(P + \frac{1}{\beta} - a_n\right)$$

ここで，$f(x) = \beta x \left(P + \dfrac{1}{\beta} - x\right)$ とすると，漸化式は

$$a_{n+1} = f\left(a_n\right)$$ である．

方程式 $x = f(x)$ の解は $x = 0, P$ である（f の不動点）．

初期値 a_1（初日のゾンビの数）を与えると，$a_2 = f\left(a_1\right)$，

$a_3 = f\left(a_2\right)$，$\cdots\cdots$のように，翌日以降のゾンビの数が計算できるが，これを図解することができる．下の図をみれば，$\lim\limits_{n \to \infty} a_n = P$（いつかゾンビに占領されること）が見て取れる．

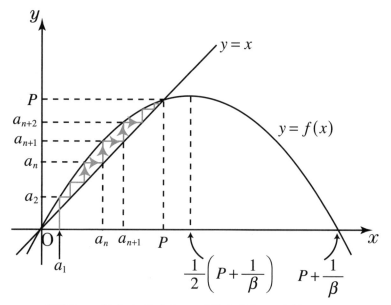

　この問題は，微分方程式を，《差分化》の方法によって，数列の問題に翻案したものである．

第3章　ＳＩＲ方程式

〈パンデミック初期に発出したレポート〉

　新型コロナウイルス感染症に基づく初めての緊急事態宣言期間（2020年4月8日から）の3日目である4月11日の段階で，私が関係者に発出したレポートを，以下に掲載します．

□イタリアのデータとの類似点

　本日は，新型コロナウイルスに関して，イタリアと日本のデータを比較しながら検討を加えます．イタリアのデータについての情報源は，ローマ在住の日本人[注1]によるレポートです．このネット上の記事の中から，イタリアにおける感染状況を集計した数値を引用します．私自身が1次情報を確認したものではありませんが，調べようと思えばそれは可能な情報であり，発信元において数字を操作する利益がない情報であることから，この数値を信用して引用するものです．また，日本のデータについての情報源は，朝日新聞のサイト[注2]のものを使いました．

　3月1日から3月31日までの累計感染者，死亡，回復した人の数を一日置きに並べていきます．たまに，データが見つからずに，一日おかずに翌日の集計数のこともあり．数字が語る

[注1] Midoriさんによるレポート；「健康な若者が死に始めた．新型コロナ拡大のイタリアは日本の明日」（ https://www.mag2.com/p/news/447158/2 ，および「メルマガ日刊デジタルクリエイターズ」https://bn.dgcr.com/ ）

[注2] 朝日新聞社のサイト（ https://www.asahi.com/special/corona/ ）の数値を用いた．メディアにより多少の数値の不一致があるようだ．

第3章　ＳＩＲ方程式

ものをぜひ読み取って欲しい．（Midoriさんレポートによる）

□イタリア 3月 1 日〜5 日

イタリア3月	累計感染者数	累計死亡	累計回復者
1日	1694	41	83
2日			
3日	2502	79	160
4日			
5日	3858	148	414

　このデータと，日本の 4 月 1 日〜5 日のデータを比較してみましょう．なお，日本の 3 月 31 日時点で，類計感染者数 1887 人（累計死亡 56 人），東京都累計感染者数 449 人となっています．これが，イタリアの 3 月 1 日とほぼ類似していることに注意してください．また，イタリアの総人口は約 6,000 万人で，日本の約半分であることも付記しておきます．

□日本 4 月 1 日〜5 日

日本4月	累計感染者数	累計死亡	東京都累計感染者
1日	2107	57	527
2日	2306	60	593
3日	2541	63	690
4日	2855	69	779
5日	3191	70	897

この時点で，イタリアの 3 月の最初の 5 日間と日本の 4 月の最初の 5 日間を比較したとき「累計感染者数」が近い数値にあることがわかります．

ざっくりと観察すると，

> イタリアの 3 月初頭は累計感染者数が「4 日で倍増」
>
> 東京都の 4 月初頭は累計感染者数が「5 日で倍増」
>
> 日本全体の 4 月初頭は累計感染者数が「6 日で倍増」

□シミュレーション

　4 月 5 日（日）時点で，プリパス（東京都目黒区駒場に所在する教室）において，小学生たちを指導しました（このときは，全面休講を決定する直前のときで，保護者が自動車で送迎できる生徒しか受け入れないこととして行った指導です）．その際に，学習内容としてパンデミックのシミュレーションを行い，上記のデータを用いました．東京都の累計感染者数が「5 日で倍増」することが続くと仮定すると何が起こるのかを，電卓を用いてシミュレーションしました．また，日本では ＰＣＲ検査がかなり抑制されている現状を踏まえて，実際の感染者数が「大本営発表の 20 倍である」と仮定した場合の数値を（　）内に示します．

> 4 月 5 日；約 900 人（20 倍仮定で 18,000 人）
>
> 4 月 10 日；約 1,800 人（20 倍仮定で 36,000 人）
>
> 4 月 15 日；約 3,600 人（20 倍仮定で 72,000 人）
>
> 4 月 20 日；約 7,200 人（20 倍仮定で 144,000 人）

4 月 25 日；約 14,400 人（20 倍仮定で 288,000 人）

4 月 30 日；約 28,800 人（20 倍仮定で 576,000 人）

5 月 5 日；約 57,600 人（20 倍仮定で 100 万人突破）

5 月 10 日；約 115,200 人（20 倍仮定で 200 万人突破）

5 月 15 日；約 230,400 人（20 倍仮定で 400 万人突破）

　この計算では，次の 5 日間で（20 倍仮定のもとで）東京都民 1,400 万人の半数に到達することになりますが，実際の数理モデル（ロジスティック方程式という微分方程式）では，別の要因（感染拡大の速度が感染者数に比例するだけでなく，非感染者数にも比例することと，隔離および回復者の数値を反映させるべきこと）が入り込みます．よって，実際には上記のシミュレーションよりは増加・拡大の速度が抑制されて，この通りにはなりません．上記のシミュレーションは 4 月 5 日時点のデータをもとにしていましたが，4 月 10 日時点ではどうなっているでしょうか．

□イタリア 3 月 6 日～10 日

イタリア3月	累計感染者数	累計死亡	累計回復者
6日			
7日	5883	283	
8日			
9日	9172	463	724
10日			

第3章　ＳＩＲ方程式

日本4月	累計感染者数	累計死亡	東京都累計感染者
6日	3569	73	1040
7日	3817	80	1123
8日	4168	81	1203
9日	4766	85	1347
10日	5246	88	1528

　上記シミュレーションでは 4 月 10 日の東京を約 1,800 人と
しているので，実際の数値 1,528 人は少なく見えるかもしれま
せん．しかし，指数関数的に挙動する事象においては，この
程度の差は「どうでもよい」のです．

　線型に（リニアに，あるいは 1 次関数的に，と言い換えてよ
い）挙動する事象であれば問題となる誤差は，指数関数的な
場面ではどうでもよい．なぜなら，この程度の誤差は「1 日で
吸収されてしまう」からです．何を言いたかったかというと，
この 5 日間の挙動は，シミュレーションの通りであると評価
してよい，ということです．

第3章　ＳＩＲ方程式

□続いて，イタリアのその後のデータ（3月11日～31日）を
示します．

イタリア3月	累計感染者数	累計死亡	累計回復者
11日	12462	827	1045
13日	17660	1286	1439
15日	24747	1809	2335
17日	31506	2503	2941
19日	41035	3405	4440
21日	53578	4825	6072
23日	63927	6077	7432
24日	69176	6820	8326
27日	86498	9134	10950
29日	97689	10779	13030
31日	105792	12428	15729

ここまでの話と，イタリアのデータを見れば，日本の近未来
が推定できます．次に，緊急事態宣言が出されたタイミングを
見てみましょう．

イタリア　3月9日：累計感染者数：9,172人，累計死亡：463
人（イタリア全土をレッドゾーンとする首相令）
日本4月7日；累計感染者数：3,817人，累計死亡：80人
（大都市圏に限定しての緊急事態宣言発令）

第3章　ＳＩＲ方程式

　昨日（4月10日）時点で，休業要請する業種の範囲について，国と東京都の綱引き（あるいは確執）がリークされました．都知事が政治的な勝負に出ていること（思惑）をどう評価するかというのは脇において，現場を預かっている東京都の判断が優先されるべきでしょう．そもそも，国のいう「いまから2週間様子をみる」というのが，いかに《寝ぼけて》いるかというのは，上記のデータが物語っていると思います．

　権力を持って上に立つ人（ここでは内閣総理大臣）の言うことをまじめに聞いていると，命の危険が差し迫ってくる場合があります．そのような事例は，東日本大震災のときにたくさん顕れました．

　一例として，大川小学校（宮城県石巻市）の事例を確認します．地震の発生から津波到達までのおよそ50分間，避難先についての意見が割れていました．市教委の報告書によれば「教頭は『山に上がらせてくれ』と言ったが，釜谷（地区の）区長さんは『ここまで来るはずがないから，三角地帯に行こう』と言って，喧嘩みたいに揉めていた」といいます．教頭が区長の判断に譲歩した結果，校庭にいた児童78名中の74名と，校内にいた教職員11名中の10名が死亡しました．子どもを迎えに来た保護者（複数）が，教員の指示により校庭に留まった結果，巻き添え（死亡）に遭っていることも見逃せません．民事訴訟において仙台高裁は，危険の予見可能性に

第3章　SIR方程式

関して「教師は，地域住民よりもはるかに高いレベルの知識と経験が求められる」という規範を示しました．

一方このとき，近隣のある小学校では，校舎が津波の到達しない高台にあり，子どもを迎えに来た保護者に対し，校長は「子どもを護る」と言って引き渡しを拒みました．結果としては，自宅に戻った両親が死亡し，子どもは助かりました．実際には多くの児童を護った学校が多数ある中で，トップの判断により多数の命が失われた事例があります．

国と東京都の綱引きは，休業要請を行う範囲を含め，経済政策の部分を含んでいます．自粛に伴う「損失補償」を国が否定していること，補正予算が組まれる「持続化給付金」[注3]，都が打ち出した「休業要請協力金」[注4]など，論点は多岐にわたります．しかしここでは，政策面の是非は捨象して，生命と健康の安全保障面についての数理モデルに限定して話を進めます．

[注3] 経済産業省「新型コロナウイルス感染症により影響を受ける中小・小規模事業者等を対象に資金繰り支援及び持続化給付金に関する相談を受け付けます」
（ https://www.meti.go.jp/press/2020/04/20200408002/20200408002.html ）

[注4] 日本経済新聞 4月10日「都知事が休業要請発表，11日から実施　協力金50万円」
（ https://www.nikkei.com/article/DGXMZO57908080Q0A410C2MM8000/ ）

第3章　ＳＩＲ方程式

□簡潔な微分方程式

　ここからは数学の内容になります．数式を追いかけることが出来ない方は，それはあきらめて飛ばしてもよいので，結論（方程式の解）から先の考察をご覧ください．必要な数学知識は「微分方程式」です．高校数学Ⅲの教科書は，その初歩だけを取り扱っています．

　余談ですが，1996年高校卒業までの世代の理系は，下記の話が理解できる程度の内容を履修していましたが，その後の高校数学では，下記の話を取り扱うことができません．

　時刻 t を変数とする関数 $y(t)$ を，その時点で感染症 A に罹患している患者の数とします．A は，新型コロナでもインフルエンザでもよいし，「ゾンビになる」でも構いません．時刻 t は，秒でも時間でも日でも，単位はどうでもよいです．以下，$y(t)$ を単に y と書くことがあります．

　感染症 A の感染拡大の速度は，y の微分

$$\frac{dy}{dt} = \lim_{\Delta t \to 0} \frac{y(t+\Delta t) - y(t)}{\Delta t}$$

により与えられます．一般的な感染症の，感染初期の段階では，感染拡大の速度（変化率）$\dfrac{dy}{dt}$ が感染者数 y に比例するというモデルが妥当します．そこで，正の比例定数を k として，

$$\frac{dy}{dt} = ky \cdots\cdots ①$$

第3章　ＳＩＲ方程式

という微分方程式が成り立つというモデルをつくります.

この方程式を「変数分離」という方法で解いてみます.

$\dfrac{dy}{y} = k\,dt$ と変形してから, 両辺を不定積分すると,

$\displaystyle\int \dfrac{dy}{y} = \int k\,dt$, $\log|y| = kt + c_1$ 　（ c_1 は積分定数）から,

$|y| = e^{kt+c_1}$, $y = \left(\pm e^{c_1}\right)e^{kt}$ となり, $\pm e^{c_1} = c_2$ とおけば

$$y(t) = c_2 e^{kt} \cdots\cdots \text{①の一般解}$$

結局, ①の解は指数関数である, ということです.

　以下では, 定数 k および c_1 の意味付けを与えます. 定数 k

の方は「感染速度 $\dfrac{dy}{dt}$ が感染者数 y に比例する」際の比例定

数でした. 今般の新型コロナ感染症に関する論説で, 基本再生産数 $R0$ という指標（感染症疫学のテクニカルターム）を耳にした方も多いことでしょう. これは, 1人の感染者が何人に感染を拡げる可能性があるかを表す数で, ウイルスの感染力の指標とされる値です. 一般的に,

---

$R0 < 1$ の場合；感染症は終息に向かう

$R0 = 1$ の場合；

　　感染症はパンデミックは起きないが終息もしない

$R0 > 1$ の場合；

　　感染症は感染拡大・パンデミックのおそれがある

と考えられています.

第3章　ＳＩＲ方程式

COVID-19の場合：新型コロナウイルスの推定 $R0$ は条件によって大きく変わる.

> 2020 年 3 月 26 日時点の全体的な推定値：
> $$R0 = 2 \text{ から } R0 = 3$$
> 中国・武漢で流行し始めた当初の推定最大値：
> $$R0 = 3.86$$
> 都市封鎖後の武漢の推定値：
> $$R0 = 0.32 \text{ から } R0 = 1.58 \text{ 注5}$$

微分方程式の話に戻ると，比例定数 k は基本再生産数 $R0$ に依拠すると考えて構いません.

また，解（ $y = c_2 e^{kt}$ ）における定数 c_2 は，時刻 $t = 0$ の時点での患者数 $y(0) = c_2$ により与えられます.
以下に具体例として，
$$y(0) = c_2 = 1 , \quad k = 1$$
の場合の解 $y = e^t$ のグラフ
を示します.
（ $y = 1 + t$ は $t = 0$ での接線です）

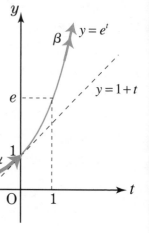

注5 AFP BB News （ https://www.afpbb.com/articles/-/3276018 ）

第3章　ＳＩＲ方程式

　現在の日本（東京）のカーブは，感染初期段階を少し過ぎたあたりで，グラフの太い矢印部分（α）あたりに差し掛かっていると思われます．しかし注意すべきは，「実際に感染してから発症するまでの潜伏期間」と，「発症してから医療機関を訪れて　ＰＣＲ検査の結果に至るまでの期間」の和が 2 週間程度と言われていることから，現在観測されている数値は 2 週間前の値を遅れて見ているだけ，という見解に立てば，現在の本当のカーブは既に，グラフの二重矢印部分（β）あたりに差し掛かっている可能性もあるのです．

　つまり，強い対策を打たない限り，もっと酷い未来が待っている可能性があります．いわゆる「感染爆発」を避けるには，$R0$ を小さくする条件を作るしかありません．だから「Stay at home」「家に籠れ」なのです．各自がその必要性を理解して「腑に落ちる」状態をつくり，行動に反映させる必要があります．

□ロジスティック方程式

　さて，①の方程式の解（$y = c_2 e^{kt}$）は，ちょっと考えると妥当ではないことにも気づきます．t を大きくすると y がいくらでも大きくなる，ということはあり得ないからです．方程式①は，人口の上限を考慮していないのです．そこで，モデルを修正します（数理モデルの修正を繰り返すことは，理工学系の学問では普通に行われていることです）．

第3章　ＳＩＲ方程式

　　こんどは，人口（あるいは閉鎖集団のメンバー数）N を設定してみましょう．時刻 t の時点で感染症 A に罹患している患者の数 $y(t)$ に対して，感染していない人の数は $N-y(t)$ となります．ここで，

> $N-y(t)$ が小さくなると，
>
> 感染速度 $\dfrac{dy}{dt}$ はそれに比例して小さくなる

というモデルを考えます．たとえば，閉鎖集団の中にゾンビが発生して，人々が次々にゾンビ化する状況を考えてみましょう．映画の終盤ではヒーロー（主人公）とその相棒たちの少数精鋭メンバーだけがゾンビと死闘を繰り広げ，感染がもう広がらない，という状況を想定すればよいのです．

そこで，次のようにモデルを修正します．感染速度 $\dfrac{dy}{dt}$ が，感染者数 y と感染していない人の数 $N-y(t)$ の，両方に比例するというモデルです．つまり，正の比例定数を k として，

$$\frac{dy}{dt} = ky(N-y) \cdots\cdots ②$$

という微分方程式を考えます．当然に $0 \le y \le N$ の範囲を考えることになります．①のときと同様の変数分離の方法を使います．$\dfrac{dy}{y(N-y)} = kdt$ としてから，左辺を部分分数分解して

$$\frac{1}{N}\left(\frac{1}{y} + \frac{1}{N-y}\right)dy = kdt$$

両辺を不定積分して

$$\int \left(\frac{1}{y} + \frac{1}{N-y} \right) dy = N \int k\, dt$$

すなわち $\log \left| \dfrac{y}{N-y} \right| = kNt + c_1$,

ここで $\dfrac{y}{N-y} > 0$ としてよいことに注意しましょう.

$\dfrac{y}{N-y} = e^{kNt+c_1}$ において $e^{c_1} = c_2$ とおくと, $\dfrac{y}{N-y} = c_2 e^{kNt}$

これを y について解くと,

$$y(t) = N \cdot \frac{c_2 e^{kt}}{1 + c_2 e^{kt}}$$

という一般解を得ます.

　時刻 t を十分大きくすれば（十分な時間が経過すれば）$y \to N$ となることがわかります. 極限の式で書けば $\lim\limits_{t\to\infty} y(t) = N$ ということで, 構成メンバーの全員が感染症 A に罹患する（ゾンビになる）というのが, このモデルでの結論です.

　定数の意味の考察ですが, 比例定数 k が基本再生産数 $R0$ に依拠するのは, ①のモデルと同じです.

　また, 解 ($y = N \cdot \dfrac{c_2 e^{kt}}{1 + c_2 e^{kt}}$) における定数 c_2 は, 時刻 $t = 0$ の時点での患者数 $y(0) = \dfrac{c_2 N}{1 + c_2}$ により決定できます. 以下にグラフを示します.

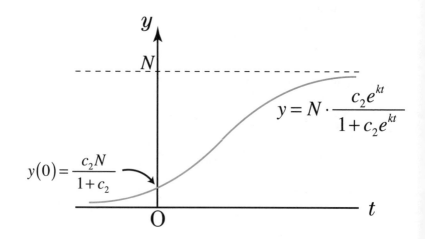

□免疫・隔離・死亡を反映させたモデル

　微分方程式②は「ロジスティック方程式」と呼ばれ，この曲線は「ロジスティック曲線」と呼ばれています．何の対策も講じなければ，国民全員に感染症が行き渡る，ということを意味する曲線です．

　しかし，実際にはこの曲線のようにはなりません．ゾンビになる場合は，もう人間には戻れない（不可逆）と考えられるので，②のモデルと解が妥当しますが，感染症の場合は事情が異なります．それは「治療の結果回復して，免疫を獲得する」という点で，ゾンビ問題とは異なるのです．

　英国のボリス・ジョンソン首相もコロナに感染してしまいましたが，感染が判明する前の（ 2020 年） 3 月 13 日の演説で

は，彼は「集団免疫論」注6という考えを述べました．これ
は，英国民の多数がコロナウイルスに感染して英国民として
「集団免疫」を獲得することで流行を集結するという方針で
す．この演説に社会がパニックを起こし，さらには反発が相次
いだことから，その翌週より包括的な社会隔離政策に転換し
たとされています．注7

　いったん入院しても回復して退院した人が免疫を獲得してい
れば，社会の最前線で活躍できそうにも思えます．多くの人が
免疫を獲得できれば，彼らが「免疫の壁」となって弱者を護
ることができるという考えですが，科学的に未知なことばか
りの新種のウイルスに対して，この議論が成立するのかどうか
は，壮大かつ危険な「社会的人体実験」を経由しなければ結
論が出せません．途中で，いわゆる医療崩壊も避けられない
でしょう．

　さて，微分方程式のモデルに戻りましょう．これまでは，人
口 N を 感染人口（infectives：感染していてかつ感染させる
能力のある人口）と 感受性人口（susceptibles：感染する可
能性のある人口）の 2 つの群に分けたモデルを考えました

注6 小野昌弘　英首相の「降伏」演説と手段免疫にたよる英国コロナウイル
ス政策　（https://news.yahoo.co.jp/byline/onomasahiro/
20200315-00167884/）

注7 小野昌弘　英政府の対コロナウイルス戦争の集団免疫路線から社会封鎖
への「方針転換」と隠れた戦略　（https://news.yahoo.co.jp/byline/
onomasahiro/20200321-00168922/）

が，さらに 隔離された人口（recovered：病気からの快復に
よる免疫保持者ないし隔離者・死亡者）の群を加えた 3 群の
間の相互関係を考えます．こうなると「連立方程式」と同様の
「常微分方程式システム」を用いる必要が生じます．改めて記
号を定義し直しましょう．

感受性人口（susceptibles）：$S(t)$

感染人口（infectives）　　：$I(t)$

隔離された人口（recovered）：$R(t)$

感染率：β

隔離率：γ

常微分方程式システム

$$\frac{d}{dt}S(t) = -\beta S(t)I(t) \qquad \cdots\cdots(1)$$

$$\frac{d}{dt}I(t) = \beta S(t)I(t) - \gamma I(t) \qquad \cdots\cdots(2)$$

$$\frac{d}{dt}R(t) = \gamma I(t) \qquad \cdots\cdots(3)$$

---

　3 本の方程式の意味付けを述べておきましょう．(1) 式は，
感受性人口の減少速度（以前のモデルの $-\dfrac{dy}{dt}$ にあたるもの）
が，感受性人口と感染人口の両方に比例するということで，
微分方程式②に対応する方程式です．

第3章　ＳＩＲ方程式

　(2) 式は，感染人口の増加速度を表す②のモデルから，回復もしくは隔離された人口の影響を補正する項を右辺に導入したものです．(3) 式は，感染人口のうちのどれだけを隔離するかを表すものです．たとえば日本で PCR検査実数が少ないという事実は，γ を小さくする方向に働きますし，中国・武漢のように強権的な隔離政策を行うことは γ を大きくする方向に働きます．

　ここに書かれたことを理解するための基礎教養は，高等学校では「物理」で身に付けることになります．大学受験に向けて，物理をしっかり学んだ人は，解読できることと思います．
　以上のように，人口を病気の状態にしたがって 3 つの部分に分ける感染症モデルを「ＳＩＲモデル」といいます．
　さらに，新型コロナウイルスの特殊性として，

　　　　感染しても感染性のない状態
　　　　　　　(latent period／exposed class)
　　　　感染後症状の発症しない期間
　　　　　　　(潜伏期間： incubation period)

を考慮すると，感染人口 $I(t)$ をさらに分割して，4 つの群

(部分人口) に分割するモデル「ＳＥＩＲモデル」を考えることとなります．ここに述べたモデルは，ケルマック＝マッケンドリックモデル（1927 年）に源流があるということです．[注8]

注8 数理科学 No.538, April 2008 稲葉寿「微分方程式と感染症数理疫学」
（ https://www.ms.u-tokyo.ac.jp/~inaba/inaba_science_2008.pdf ）

第3章　ＳＩＲ方程式

　下の図「新型コロナウイルス対策の目的」は，厚生労働省が出
したもので，2つの曲線は感染人口 $I(t)$ の動き（予測）を表
したものです（108ページの図の再掲）.

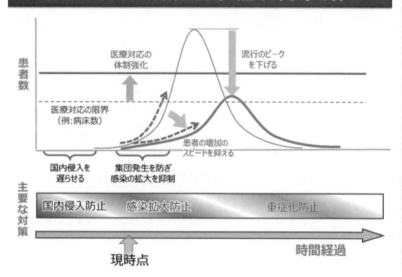

新型コロナウイルス対策の目的（基本的な考え方）

□対数で圧縮して時間の1次関数になる

　今般のコロナ禍に臨して，私の身の周囲の人々と話をしなが
ら様子を観察していると，危機感の捉え方に個人差がありま
す．それは当然のことで，似たような現象は東日本大震災のと
きにも見られたような既視感を覚えます．あくまでも私の主観
ですが，その原因として，指数関数的に変化する事象において
「リニアな時間感覚が対数で縮むこと」について，個人の時間
感覚が追いつかないのではないか，という仮説を立てていま
す.

第3章　ＳＩＲ方程式

　東日本大震災のとき，放射性同位体の 半減期（ half-life）という概念が一般によく知られるようになりました．これは，ある放射線同位体が，放射性崩壊によってそのうちの半分が別の核種に変化するまでにかかる時間をいいます．同様の概念としての《倍増期》という言葉はテクニカルタームとしては存在しませんが，感染症 A における時刻 t での感染者数 $y(t)$ が倍増するまでの時間 T ， すなわち $y(t+T)=2y(t)$ により定義してみましょう．もちろん，一般の関数の場合には T は t に依存することとなり，定数ではありません．ここで，とくに $y(t)$ が指数関数の場合には T が一定値をとることになります．

　たとえば，すでに検討した微分方程式①の解 $y(t)=c_2 e^{kt}$ における《倍増期》T を求めてみましょう．$y(t+T)=2y(t)$ から，$c_2 e^{k(t+T)}=2c_2 e^{kt}$ すなわち $e^{kT}=2$ を得るので，$T=\dfrac{1}{k}\log 2$ となります．T は t に依存しない一定値となっています．

　今般の日本および東京の新型コロナウイルス累計感染者数のデータを用いて，《倍増期》T を観察してみましょう．起点（あるいは終点）となるデータを，4 月 10 日の日本全体 5,246 名，東京都 1,528 名にとります．感染者数のデータは 1 日ごとに集計される「離散量」なので，正確な《倍増期》を

時間あるいは分を単位として求めることは不可能ですし，それは意味がありません．ざっくりと取り出した数値を観察してみてください．

日本全体	累計感染者数	倍増までの日数
4月10日	5246	7日
4月3日	2541	8日
3月26日	1254	14日
3月12日	604	10日
3月2日	302	5日
2月26日	149	

東京都	累計感染者数	倍増までの日数
4月10日	1528	6日
4月4日	729	6日
3月29日	368	4日
3月25日	160	10日
3月15日	81	10日
3月5日	42	

　この数値を観察すれば，短期（半月程度）のスパンでみれば $y(t)$ がたしかに指数関数で近似できそうなこと，さらに，時間の経過に沿って状況が悪化していること（より変化の速い指数関数に移行していること）が読み取れると思います．ただし，PCR検査の実施数が政策的に決められているため，上記の統計量は自然科学的統計とは（必ずしも）言えないことに

も注意が必要です．つまり「時間の経過に沿って状況が悪化している」とはPCR検査の実施数の増加による可能性があり，（観測不可能な）自然科学的な統計量は一貫した指数関数になっている可能性もあります．

　ここでは，感染初期～中期段階で，微分方程式①の解 $y(t) = c_2 e^{kt}$ にしたがっていると仮定しましょう．両辺の対数をとれば，

$$\log y(t) = kt + \log c_2$$

右辺が時間の 1 次関数になっています．これが，時間の感覚として身についている人は，今般の事象を「危険だ」と察知し，時間の感覚として腑に落ちていない人は，危険性を実感できないのではないかという仮説です．

第3章　ＳＩＲ方程式

□大学入試問題から微分方程式

　ここまで，数式も導入しながら感染症拡散の数理モデル等について考えてきました．私は数学教師なので，最後に，この数理モデルに関係する大学入試問題を2問，紹介します．【問題1】は神戸大学（1994年後期試験）の問題，【問題2】は東京大学（2000年前期試験）の問題です．

　【問題1】は，$\dfrac{dy}{dt} = y(k-y)$ という微分方程式ですが，見ての通り，本稿で取り上げた「ロジスティック方程式」そのものを取り上げた出題です．

　【問題2】は，一見すると微分方程式の問題に見えない．数列の問題のように見えると思います．出題時期（2000年）の学習指導要領は，数学Ⅲの教科書から微分方程式を外していました．そういう時期に，東京大学が敢えて微分方程式を出題しているのです．その手口（出題の技術）は，関数についての微分方程式を《離散化》して，数列についての漸化式の問題に書き換えるのです．微分方程式とは，連続量 t を変数とする関数 $y(t)$ がみたす方程式のこと．数列の漸化式とは，離散量 n を変数とする数列 a_n がみたす方程式のことです．この問題では(1)で数列 p_k についての漸化式をつくります．

　連続量をサンプリング（量子化）して離散量に書き換えることについて，実生活の中で例をあげてみます．一般のデジタルビデオは，1秒間を30分割して，1秒に30コマの《パラパラ

136

漫画》を再生しています．これは，動画の《離散化》というべき技術です．デジタル音楽は，1 秒間を 44,100 分割して，同様のことをしています．これをサンプリングレート 44.1 kHz といいます．

　数学Ⅲ（微分・積分）を学習済みの高校生の方は，次の 2 問を学習素材として楽しんでもらえることと思います．

【問題 1】（ロジスティック方程式）

(1)　k は定数で $k>1$ とするとき，微分方程式

$$\frac{dy}{dt} = ky - y^2$$

　の解のうち次の 2 条件を同時にみたすものを求めよ．

〔ア〕　$t=0$ のとき，$y=1$ である．

〔イ〕　つねに $0<y<k$ である．

(2)　(1)で求めた特殊解を $f(t)$ とするとき，$\displaystyle\lim_{x\to-\infty}\int_x^0 f(t)dt$ を求めよ．

(3)　(2)で求めた極限の値が 1 に等しくなるとき，k の値を求めよ．

（1994年後期・神戸大学）

第3章 ＳＩＲ方程式

【問題２】 （差分化による出題例）

$a > 0$ とする．正の整数 n に対して，区間 $0 \leq x \leq a$ を n 等分する点の集合 $\left\{ 0, \dfrac{a}{n}, \cdots\cdots, \dfrac{n-1}{n}a, a \right\}$ の上で定義された関数 $f_n(x)$ があり，次の方程式をみたす．

$$
\begin{cases}
f_n(0) = c, \\
\dfrac{f_n((k+1)h) - f_n(kh)}{h} = \{1 - f_n(kh)\} f_n((k+1)h) \\
\qquad\qquad\qquad (k = 0, 1, \cdots\cdots, n-1)
\end{cases}
$$

ただし，$h = \dfrac{a}{n}, c > 0$ である．

(1) $p_k = \dfrac{1}{f_n(kh)}$ $(k = 0, 1, \cdots\cdots, n)$ とおいて p_k を求めよ．

(2) $g(a) = \lim\limits_{n \to \infty} f_n(a)$ とおく．$g(a)$ を求めよ．

(3) $c = 2, 1, \dfrac{1}{4}$ それぞれの場合について，$y = g(x)$ の $x > 0$ でのグラフをかけ．

（2000 東京大学・理科）

第3章　ＳＩＲ方程式

【問題１】 の解答と解説

(1)　$\dfrac{dy}{dt} = y(k-y)$

条件〔イ〕から $y>0$ ， $k-y>0$ であることに注意して

$$\frac{1}{y(k-y)} \cdot \frac{dy}{dt} = 1$$

$$\left(\frac{1}{y} + \frac{1}{k-y} \right) \cdot \frac{dy}{dt} = k$$

両辺を t で積分すると

$$\int \left(\frac{1}{y} + \frac{1}{k-y} \right) dy = \int k\,dt$$

$$\log y - \log(k-y) = kt + c \quad （c \text{ は積分定数}）$$

$$\log \frac{y}{k-y} = kt + c$$

$$\frac{y}{k-y} = e^{kt+c} = A \cdot e^{kt} \quad （A = e^c \text{ とおいた}）$$

条件〔ア〕から $A = \dfrac{1}{k-1}$ と定まるので,

$$\frac{y}{k-y} = \frac{1}{k-1} e^{kt}$$

$$\therefore \quad (k-1)y = (k-y)e^{kt}$$

$$y = \frac{ke^{kt}}{e^{kt} + k - 1}$$

139

定数 k は $k>1$ をみたすから，この解は確かに条件〔イ〕をみたす．

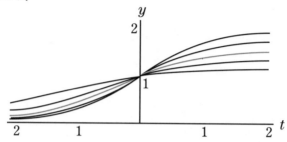

(2) $\displaystyle\int_x^0 f(t)\,dt = \int_x^0 \frac{ke^{kt}}{e^{kt}+k-1}\,dt = \int_x^0 \frac{(e^{kt}+k-1)'}{e^{kt}+k-1}\,dt$

$\displaystyle\qquad\qquad = \Big[\log(e^{kt}+k-1)\Big]_x^0$

$\displaystyle\qquad\qquad = \log k - \log(e^{kx}+k-1)$

$\displaystyle\qquad\qquad = \log \frac{k}{e^{kx}+k-1}$

$\displaystyle\lim_{x\to-\infty} e^{kx} = 0$ なので $\displaystyle\lim_{x\to-\infty}\int_x^0 f(t)\,dt = \log\frac{k}{k-1}$

(3) $\displaystyle\log\frac{k}{k-1} = 1$ を k について解く．

$\displaystyle\frac{k}{k-1} = e$ より $k = \frac{e}{e-1}$

第3章　ＳＩＲ方程式

本問に現れた曲線は「ロジスティック曲線」といわれる.

$\dfrac{dy}{dt} = y(k-y)$ とは，次のような状況を記述する微分方程式である.

> 総量 k の集団の中で，「ある状態に感染しているものの数 y」の増加の速度 $\dfrac{dy}{dt}$ について考える. $\dfrac{dy}{dt}$ は，すでに感染しているものの数 y と，集団中でまだ感染していないものの数 $k-y$ とに比例する.

得られた解は，$t \to \infty$ のとき $y \to k$，すなわち，

「集団のうちの殆どは，いずれ「ある状態」に伝染して，飽和する」

ということを表している.

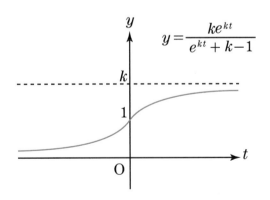

$$y = \dfrac{ke^{kt}}{e^{kt}+k-1}$$

第3章　ＳＩＲ方程式

【問題２】　の解答と解説

(1)　$p_k = \dfrac{1}{f_n(kh)}$ とおくとき与式は $p_0 = \dfrac{1}{f_n(0)} = \dfrac{1}{c}$

$$\frac{1}{h}\left(\frac{1}{p_{k+1}} - \frac{1}{p_k}\right) = \left(1 - \frac{1}{p_k}\right) \times \frac{1}{p_{k+1}}$$

$$\Leftrightarrow \quad \frac{p_k - p_{k+1}}{hp_k p_{k+1}} = \frac{p_k - 1}{p_k p_{k+1}}$$

$$\Leftrightarrow \quad p_k - p_{k+1} = h(p_k - 1) \quad \Leftrightarrow \quad p_{k+1} = (1-h)p_k + h$$

$$\Leftrightarrow \quad p_{k+1} - \alpha = (1-h)(p_k - \alpha)$$

$$\left(\alpha - (1-h)\alpha = h\alpha = h \;\Leftrightarrow\; \alpha = 1\right)$$

$$\Rightarrow \quad p_k = 1 + (p_0 - 1)(1-h)^n = 1 + \left(\frac{1}{c} - 1\right)(1-h)^n$$

(2)　$f_n(a) = f_n\left(n \times \dfrac{a}{n}\right) = f_n(nh) = \dfrac{1}{p_n}$ であり，$n \to \infty$ のとき

$$(1-h)^n = \left(1 - \frac{a}{n}\right)^n$$

$$= \left\{\left(1 - \frac{a}{n}\right)^{\frac{n}{a}}\right\}^a = \left[\left\{1 + \left(-\frac{a}{n}\right)\right\}^{-\frac{a}{n}}\right]^{-a}$$

$$\longrightarrow e^{-a} \quad \text{なので，}$$

$$p_n \longrightarrow 1 + \left(\frac{1}{c} - 1\right)e^{-a} \quad (n \to \infty)$$

142

第3章　ＳＩＲ方程式

$$\Rightarrow \quad f_n(a) \longrightarrow g(a) = \cfrac{1}{1 + \left(\cfrac{1}{c} - 1\right)e^{-a}}$$

$$= \cfrac{e^a}{e^a + \cfrac{1}{c} - 1} \quad (n \to \infty)$$

(3)　$c = 2$ のとき；$y = g_2(x) = \cfrac{e^x}{e^x - \cfrac{1}{2}}$ …… C_2

$c = 1$ のとき；$y = g_1(x) = \cfrac{e^x}{e^x} = 1$ …… C_1

$c = \cfrac{1}{4}$ のとき；$y = g_{\frac{1}{4}}(x) = \cfrac{e^x}{e^x + 3}$ …… $C_{\frac{1}{4}}$

であって，これらの概形は次の図となる．

$$\left[\begin{array}{l}
g_2'(x) = \cfrac{e^x\left(e^x - \cfrac{1}{2}\right) - e^x \times e^x}{\left(e^x - \cfrac{1}{2}\right)^2} = \cfrac{-e^x}{2\left(e^x - \cfrac{1}{2}\right)^2} < 0 \ , \ g_2(0) = 2 \\[6mm]
g_{\frac{1}{4}}'(x) = \cfrac{e^x(e^x + 3) - e^x \times e^x}{(e^x + 3)^2} = \cfrac{3e^x}{(e^x + 3)^2} > 0 \ , \ g_2(0) = \cfrac{1}{4} \\[6mm]
\qquad\qquad \lim_{x \to +\infty} g_{\frac{1}{4}}(x) = 1 - 0
\end{array}\right.$$

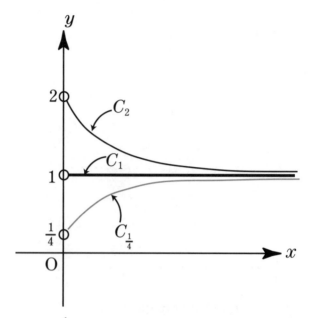

［註］$f_n(0) = c = \dfrac{1}{4}$ のケースが，本稿で論じた感染症拡散の

もっともシンプルな数理モデルを与えています．

第3章　SIR方程式

スリーパーホールド（暗記仮面 VS 数理哲人）

第4章　PCR検査
@宮古総合実業高校

【2020年11月18日に実施した
　講演のアーカイブ】

(講義映像はこちら⇑)

〈蒸発した後に残るもの〉

数理哲人：こんにちは．ただいまご紹介をいただきました
私，数理哲人でございます．シヴァ神と二人で日本各地を回っ
ていて，普段はいる場所が東京と鳥取なので，直接行き来する
こともあるのですが，大体ここ数年は沖縄で会うというのが
一番多い．あるいはこの間は下関で，ある時は福島で会っ
た．そんな感じで各地を旅をして数学を教えています．
　それじゃ始めような．これ（手許のゴングを指さす）私の
チャイムなんですけど……，ちなみに私は普段はね，自分の数
学教室で《数学格闘家を育てる》ということをしています．中
にはそうやって強くなった奴でチャンピオンになったりする奴
も出てくるわけですが，そこは塾ですから夕方にやっている．
午前中〜昼間は，失業者というわけにもいかないので，午前
中〜昼間は埼玉県の学校で教えています．学校でも朝からこれ
（覆面姿で）でやっているんだよ．

生徒たち：えぇー！

第4章　PCR検査

哲人：まぁ私立の学校ですから，校長先生が「うん」と言えば，あとはやりたい放題．そこではね，授業開始のときに，いま君たちは「起立・礼」をやってくれたよね．私のクラスはどうするかといいますとね……，みんなどうだい，目標を持ってるかい？　人生の目標．近い目標でもいいよ．あるいは，いま部活で強くなりたいとかな，勉強じゃなくたっていいんだぞ．進学はどうしたい／就職をどうしたい／俺はビッグになるんだとか，何か目標があるという人たち！　どうだい？

　目標があるという人たち，その目標に向けて頑張ってるかい？　しんどいときもあるよな．スランプだとかピンチだとか，「もうどうしよう，やめちゃおうかな」とか，いろんなことがありますよね．そういう時には，「負けないぞ！」という気持ちを込めてな，授業では「おいこのやろー！」と，

生徒たち：アハハハ（笑）

哲人：コロナじゃない平時であれば，全員で「おいこのやろー！」とご唱和いただいているのですが，このご時世にそれをやると「飛沫まき散らし」になってしまうので，今年度に関しては「エアーこのやろう」．エアーだから，心の中で叫ぶというのをやってるんだ．

ちょっとやってみようか，協力してくれるかい？

第4章　PCR検査

　みんな各自持ってる目標に向けて，しんどい時にもやめない
ぞ，やりとげるぞと，そういう固い気持ちを持って，何と言っ
てやり遂げるんだ！
せーの！

　エアーで言ってくれた？
（ゴング）カーン！

　ちなみに日ごろ学校の場合，
教室にはもうちょっと密に人
が入っていて，リングサイドの
この辺にいたりするとやっぱり
（ゴングの音が）ビリビリ来るんだよね．私は「闘う数学」
……，君たちはあんまり数学の問題と「闘う」って感じしな
い？　どうだろうね，「数学楽しい」っていう人？　楽しい
か？　すばらしい！
数学がつらくて困ってるっていう人！　まぁいるよな．いろい
ろな立場の方がいると思うんですよね．今日はね，あんまり数
式をガチガチやると嫌なんじゃないかなと思って，あまり式が
出てこない話にしようと思っている．あとは来る前に教頭先
生とも打ち合わせをさせてもらっていて，君たちは「確率」を
勉強した……とか聞いている．条件付き確率とかやった？
E という事象が起きたという条件のもとで事象 F が起こる条
件付き確率は，$P_E(F) = \dfrac{P(E \cap F)}{P(E)}$ である．こんなのやった？

第4章　PCR検査

生徒たち：あー！

哲人：なんか見覚えがあるって人は？　あぁ手が挙がった
ね．でもおそらく推測するにさ，なんか「こういう式があって
試験問題は解いたけど，これって何なの？」って感じかな？っ
て僕は想像しているんだけど，それって失礼だったりした？
条件付き確率，試験問題としては解いたりはしたのかな？
覚えてない？　やった気がする？　これは，高校生の教科書
の言葉だと「条件付き確率」と言っています．それからもう
ちょっと学のある人たちの言葉遣いだと「ベイズ推定」と
言っています．

　それで「数学」と聞いたときに，式だけいじっていて何だか
生活とは関係なさそうな印象があるのだろうと思うんだよ
ね．あと学校の教科書の勉強はね，僕だってちゃんと教科書

149

に沿った授業もしています．数式も使って教えていますよ．教えますけれども，その学びが「ただ紙の上で計算してテストになったら問題解いて，点数が付いて，テスト終わったらさよなら〜！」だよね，普通はな．もうちょっと「溜まっていく」といいなと思う．きっと先生がたも，溜まっていくということを期待していらっしゃる．どの科目の先生もきっとそうだと思うんですよ．

　あ，そうそう，アインシュタインという科学者の名前を聞いたことはあるかな？　20世紀の偉大な物理学者＝アインシュタインが百年前に予言したことが今でも時々見つかっている．たとえば「重力波」を観測した物理学者，アインシュタインの予言通りのものを見つけた人がノーベル物理学賞を受けたりしてるような，そういうすごい人がいるんだ．その人は教育に関してこんなことを主張する．学校で学んだことっていうのはもう忘れて蒸発しちまう．日々蒸発しちゃうんだ．でも「蒸発した後に残るものが，それが教育なんだ」と．

　教えてもらった日々の授業の中身というものは，卒業して年月が経てば忘れてしまう，みんなそうですよ．僕だって，数学は確かに教えているから忘れちゃいない．だけど他のこと，地理とか歴史とか古文とかはさ，もう忘れちゃいましたよ．細かいことは，やっぱり忘れちゃいますよね．でも忘れちゃってもコアに残っていることってあるわけなんですよね．その「蒸発した後に残るもの」が教育なんだと．どう？

　なんか，ジーンと来たりは……しないかな．教壇に立っている大人たちにはこの言葉は結構ね「だよね」って，思うんです

ね．だから今日も多少は生活と密着するようなことをやろう
と思っています．

　今日は「そうか分かった！」という感じになってもらいた
い．2時間やったあと「わかったぞ」って言った後，何ヵ月も
経つと君たちには何が残るだろうか？　「あ，なんかマスク
マンが来て，なんか不思議だったな」そういうことが残るの
ではないかと思います，心の中のどこかにね．

〈日本のPCR検査の現状〉

　例えば「条件付き確率」「ベイズ推定」っていうのを，今
回これを取り上げることにしたのはな，新型コロナウイルスの
パンデミックで世の中が大変じゃないですか．そういう中で
PCR検査をさ，外国に比べて「日本は検査数が極端に少な
い」というのは聞いたことある？　聞いたことはあんまりな
いか．聞いたことあるって人どのぐらいいる？　検査数が極端
に少ないんだと，日本は．外国に比べて……．
（挙手した人は）ちらほらって感じか．少ないんだよ．
　これに関してね，（2020年の）4月に緊急事態宣言をやっ
たことでね，その前の3月ぐらいからかな，3月〜4月あた
りに専門家の間でな，「ちゃんと検査しろ！」っていうそう
いう話があった．一方で日本のコロナ体制は基本的に厚生労
働省が仕切っていますよね．ヤクザと一緒です．「仕切って
る」んですね，厚生労働省が．その下に国立感染症研究所があ
ります．その下に日本全国の都道府県〜市町村に保健所があ

る．その保健所の元締めの国立感染症研究所というのがあっ
てな，そこが仕切っているわけです．「俺たち以外のルートで
は民間の会社の検査なんかさせないぞ！」ってね．

そこにあとでキーワードになると思うんだけど「関所」を
設けた．関所って分かるかな？　江戸時代，17 世紀〜18 世紀
ぐらいは江戸幕府が仕切っていて，各地にお殿様がいる．お前
の領地はここだ，お前はここ，頑張ったからここに領地をく
れてやる，って当時やっていたわけです．で，その領地，お殿
様の領地から別の領地に移動するときには，「関所」という
のがあって，関所をまたぐときには門番がいて，通行料を払う
とか，何かの許可がないと通れない．

僕は昨日，東京からの直行便で那覇に入りました．これは
昔，関所がある時代っていうのはな，この宮古の領地とか琉
球の領地に入ろうと思ったら，琉球との間にそれ（関所）が
あったかどうか分かりませんけど，そこに門番というか（関
所の）管理人がいて，その人にお金を払ったり，場合によって
は裏から賄賂を渡さないと通してくれない．そういう関所とい
うのがあったわけです．

つまり，何かモノが流れるとき，人が流れる，あるいは情
報が流れるとき，狭いところに「関所」を置いて，そこの関
所の門番みたいな人が「うん」と言わないと通してくれない，
という制度が昔はあったのです．いまなら，その辺は日本国憲
法では「居住・移転の自由」っていうのがあるな（憲法 22
条）．君たちが大学や専門学校に進学する，あるいは就職す
るというときに「沖縄県内がいい」という人もいるだろう
し，「内地に行きたい」と言う人もいますよね．じゃ，君たち

第4章　PCR検査

が内地に引っ越しするときに，不動産の契約とか，飛行機代金とかは払わなきゃいけないと思うけど，お金さえ払えば行けるよね？　誰かの許可っていりませんよね，うん．昔はね，権力者の「許可」が必要だったんですよ．

　だから今はそういう居住・移転ということに関して，あるいは旅をする……，僕が数学を教えて旅をするにも，別に国家権力にお願いをして「いいですよ」って言ってくれないと旅ができないわけじゃない．ただ宮古総合実業高校に入ることに関しては，「よろしいでしょうか？」「いいですよ」ということで，入れてもらっている．許可無く入って来ると不審者だよな．だから勿論，学校という施設に入るには学校の管理者の許可は必要だけれども，でも引っ越しをしたいと思ったら引っ越し先の大家さんと契約を結んで，「いいですよ」って言われて家賃を払えば，入れてもらえるわけです．昔はそんなに楽じゃなかった．

　何の話だったかというと関所．関所というのが設けられていた．そうだな，例えば海にはちょっと狭い場所ってありますよね．海峡とかそういう狭い場所，つまり船が通る，人が行き来するのにその狭い場所を通らなきゃいけない．大体そうだな，世界の多くの狭い場所，昔だったら狭い場所にはどんなやつがいた？

生徒：海賊？

　おー，いいね！　そう，海賊だよ．海峡には海賊がいて，「おい！お前，誰の許可を取ってここを通ろうとしているの

153

第4章　ＰＣＲ検査

だ！」ってね，くるわけですよ．「通りたかったら金を払え！」海賊に金を払わないと，通してくれなかった．今であれば，それは犯罪だよ．犯罪だけど，海賊にとって「お前それは犯罪だ！」とか関係ないよな．関係ないわけです．だから狭いところには必ずそれを見ている，管理している人たちがいる．そういうところを通っていくためには何か特別なことをしなければいけない．そうやって社会経済が成り立っている．そういうのをね，ある経済学者はね，こんなこと言ってるな，「関所資本主義」だと．

　どうも日本の国家とかにも結構そういう「関所資本主義」がいっぱいあるのです．何の話だったかというと，ＰＣＲ検査をするとき，厚生労働省のすぐ下にある国立感染症研究所というのがそこで「関所」を作ったんだ．普通，僕たちがさ，「インフルエンザの検査をしたい」と言ったらさ，街中のお医者さんでパパッと検査をしてくれて，すぐに結果が出ますよね．あるいは血液検査とか．血を抜くと，お医者さんのところから民間の検査機関に行って，血液検査をしてそのレポートがお医者さんのところに戻ってきて，次回にレポートがもらえる．君たち若い人はあんまり血液検査とかやらないかな．大人になるとそういうことをします．血液検査をするのにね，いちいち厚生労働者の許可を取ってなんてやってるわけがないのです．

　ところがな，ＰＣＲ検査に関しては，厚生労働省直下にある国立感染症研究所と，その配下にある保健所「以外」のルートでは，「新型コロナウイルスのＰＣＲ検査はやってはならん！」と，関所が設けられた．それに対して「おかしい，おかしい」と言っている人たちが，専門家がいるわけですね．僕

は専門家ではありません，医療関係ではな．「おかしい，おかしい」「こういう時こそ幅広く検査をしよう」と．

あるいはWHOって聞いたことある？　世界保健機関ですよね．世界中の国に厚生労働省が各保険省とか，そういうのがありますよね．それの「元締め」みたいな，そういうところの連合体みたいなものだ．例えていうとどんな感じかな．各学校に校長先生がいる．校長先生が集まる「校長会」って全国組織がある．それみたいなものですよ．その各保健省，厚生労働省の親玉が集まって，世界の人類の健康について色々な情報発信をしたりしている機関がある．そのWHOが何を言ってるかというと「検査しろ」と．「ガンガン検査しまくれ」と言っているんですよ．韓国とか中国とか台湾とかいろいろな国が春先に検査しまくっていたけど，日本は……．俺はPCR検査を受けたことないんだけどさ，まだ受けたことがないよ．

だから心配だから受けたいとかね，僕は幸い熱が出たりということはまだありませんけれども，仮に「熱が出た，心配だ」と言ってお医者さんのところに行って「検査を受けさせてください」と言っても簡単には検査を受けさせてもらえない．すごく狭い「関所」が日本にはあるのです．現在もある．今は（検査数が）多少は増えてるけどな．その頃，WHOをはじめ多くの専門家が「ちゃんと検査しなきゃだめだろ」って言っているのに，「駄目じゃ！検査数を絞るんだ！」と言ってた《悪の帝国》があった．俺は反政府活動をしにきたわけではない．このように，何か「不思議だな」ということがありました．今もあんまり検査をやってない．

ちなみに前内閣総理大臣の安倍晋三が，春先に何回か記者会見をやった時に，マスコミの記者たちからもね，「首相は

第4章　PCR検査

検査数を増やすと言ってるのに実際には増えていない」，「内閣総理大臣が『検査を増やせ』と言っているのに，増えていないというのはどういうことなんだ！」という質問があった．つまり「総理の言うことを聞かない人たちがいるのか」と．そこまで質問した記者もいる．つまりどこかにボトルネックがあって，狭い場所があって，そこでつっかえる．だから総理大臣の方も「検査しろ」「やれ」と言っているのに，下の方では何かブラックボックスがあって，何か分からないことがあって検査の数が増えない．

　当初はね，「単なる無能」なのではないかと．要するに国立感染症研究所とかその辺が，能力が低くて検査数が増やせないのではないかという仮説もあった．分からないんだよ，真相が分からないですよ，僕も専門家じゃないから．でも周りの国をみたらね，日本より検査数レベルで一日あたり百倍とか千倍とかの量の検査をやっているわけですね．これは「PCR検査論争」とも言われているんだけど，つまり専門家の多くの人あるいはWHOが，「ガンガン検査して，見つけたら隔離しろ！」と言っているはずなのに，国は頑に検査数を絞り続けているという論争がありました．

　それが一体良いのか良くないのかは，パンデミックが終わってみないと分からない．4月5月6月当初は「日本は優秀だ」とかね，そんな話もあったが，実は東アジア全体が結構優秀というか，死ぬ人の数は少なくて，ヨーロッパ・アメリカに比べたらいろんな数値が2桁ぐらい低い．百分の一ぐらいってことですよね．「だから日本はよくやっているんだ」と政府は言っているが，よくよく東アジアで比較してみると，俺

たち「実は成績が悪いみたいだぞ？」という話は，聞いたことある？　それ，どうかな．そういうのを「大本営発表」と言うんですね．政府が言ってることがどこまで信用できるか．特に沖縄県にいるとさ，「大本営発表はちょっとなかなか信用しにくいぞ」っていう感じはある，君たち？

　あんまり，ない？　ないか……．どうですかね？

〈ニセガネ探し問題〉

　じゃあね，そろそろ今日用意した中身の方に行こうと思うんだけど，最終的には「条件付き確率のこの考え方が，ＰＣＲ検査論争にも使われているんだ」というところに持っていこうと思うんだ．でも，いきなりそこからだとちょっと難しいかもしれないから，最初はですね，プリントの方に練習問題があるけど，最初の方の問題は，肩慣らしですね．

> 【問題1】（ニセガネ探しver.1）
> 　見た目も大きさも同じ5枚のコインがあって，そのうちの1枚だけがニセガネだという．ニセのコインは，正しいコインよりも重量がわずかに軽いことが分かっている．天秤を2回使うことで，どれがニセガネであるかを必ず決定できることを示せ．

【問題 2 】　（ニセガネ探し ver.2 ）

　見た目も大きさも同じ 5 枚のコインがあって，そのう
ちの 1 枚だけがニセガネだという．ニセのコインは，正
しいコインとは重量が異なるが，重いのか軽いのかはわ
からない．天秤を何回か使うことで，どれがニセガネで
あるかを必ず決定できるが，その回数の最小値はいくつ
か．

　「天秤」はわかりますね．重さを比べる装置ですね．この
天秤を利用して 1 枚だけの偽物を探してほしい．その時にだ
よ，何も考えないで全部の組み合わせを試せばいつかは出来
る．「アルゴリズム」という言葉は聞いたことあるかな？
　アルゴリズムというのは「物ごとを行うときの手順や手続
き」のことなんだ．2 枚のコインの組み合わせを全部試し
て……というのじゃなくて，「天秤を使う回数をできるだけ
少なく済ませたい」という問題なんですね．1 個だけある偽金
が，軽いか重いか分からないというバージョンはちょっと難
しいので，最初は（ニセガネが）少しだけ「軽い」設定を考
えよう．偽物が 1 枚紛れ込んでいて，その偽物はわずかに軽い
ことが分かっている．この天秤を使ってできるだけ少ない回数
でどれが偽物かを当てる．できるだけ少ない回数でしたね．
【問題 1 】は，天秤を 2 回使うことで，たったの 2 回使う
だけでできちゃうっていうわけ．2 回でどれが一枚軽いか見つ
け出せそうかな？　どうかな？　一発目どうする？

生徒：2枚ずつ．

　あ，いいね．じゃあ一発目は2枚ずつで，残りが1枚．これ
どっちかが上がる下がるかそうでないか，どう？　続きを喋っ
てくれるかな？
　そうだね，最初の比較で軽い方（の2枚）が分かったら，
この2つをもう1回勝負させれば軽いのがわかる．それから
もしつり合っちゃった場合には，残っている1枚が偽金だな
とわかる．やったー！
（ゴング）
　こうやっていつも，出来上がるたびにゴングを鳴らすと，や
る気が起きるだろう？

　みんなどう？　伝わった？　ということは，運が良ければ
1回で終わるけど，最悪でも2回でいける（ニセガネを決定で
きる）ということだ，いいね．最悪でも2回で「必ず」発見
できるわけですよ．

　じゃあ次だ．【問題2】は一枚だけのニセガネが軽いか，
少し重いかが分からない．これどうしよう？　ちょっと考え
た方がいいよね．すぐには難しいけど．軽いのか重いのか分
からないが，「重さが違う」ということだけは分かる．そこ
で偽物を見つけ出す．まず2枚と2枚を比べて，釣り合え
ば，残りの1枚が偽物．釣り合わないときは，どっちかが重い
か軽いかが決まったらそこで「決勝戦」をやれば行ける……

第4章 PCR検査

という話だな．けれども，これが重いのか，軽いのかが，すぐには分からない．どうするか．やっぱりどうしようもないですね．はい，ちょっと自分で（図を）描いてみたり相談してみてもいいと思います．重い軽いか分からないけども，重さが違う1枚の偽物を見つけることを考えよう．

（ゴングを打ち，考える時間を確保）

　軽いか重いか不明な場合，ちょっと難しくなったけど何かアイデアはある？　ちょっと難しいですね．じゃぁこれね，いま一緒にやってみますけども，まず，5枚のうちの2枚と2枚で勝負．一発目は同じでいいね．そうすると2枚と2枚で勝負をするとですね，ここで釣り合う場合と釣り合わない場合が出てきますよね？　こういうの，数学では「場合分け」と言います．

160

第4章　PCR検査

　大事なことは「考えられるすべてのケース」，「すべての場合」を検討するということ．これは数学の勉強では大事なんだけど，数学の勉強だけじゃなくて，君たちが大人になって仕事をする，社会に出て何か自分で責任を持って物ごとをやるというときに，「すべての場合を考える」ということは大切だ．これは社会人になっても大切ですよね．

　さて，そうすると，すべての場合というときに「釣り合う」場合と「釣り合わない」場合がある．つり合わないときに関してはどっちが重たいか，これ不等号は大きい方が重たいことにしましょう．で，これ（不等号の向きは）両方あるけど，入れ替えたら一緒だから，基本的には釣り合う場合と釣り合わない場合の二つを考えればいいですよね．

　釣り合った場合には，すぐに決着がつく．釣り合った場合は，残りの1枚が偽物だイェーイ（ゴング）．たまたま一発でわかる．でも釣り合わない場合は，まず場合分けをします．つり合わないときにわかることは「残りの1枚は本物だ」ということが分かる．ただし，偽物が残り4枚の中のどれかということがすぐには分からない．

　さぁ，そこでですね，この次に何かこうしようかっていうアイデアはあるかな？　例えばね，じゃあ1枚だけは正しいとわかったのだから，これと比較するということを，全部（のコインに対して）繰り返せば，いつかはできるよな？

　だから「比較の回数を少なくする」ということを強く意識しなくてもよければ，釣り合わないときには，残りの一枚が本物の硬貨なのだから，これと残りを比較することを全部について繰り返せば，最悪あと3回やればわかるよね？

第4章　ＰＣＲ検査

　これだと天秤を使う回数は「4回」ということになる．4回やれば分かる．でもね，これはもっと回数を減らせるんですよ．ここでもっと「よいアルゴリズム」を考えて，手順を工夫すると，4回かけずに3回で済む方法がある．どうだろう？

（生徒が解答）

（ゴング）カンカンカンカーーン！

　今のが「なるほどわかった！」という人は，どれぐらいいる？　聞こえなかったか！

　近くにいて聞こえた人は「あぁ分かった」って感じだな．いま彼が言ってくれたのは，（ニセガネが）重いのか軽いのかが，わからない．どっちが偽物かはまだ分からない．分からないから，じゃ例えばこの（偽物を含む4枚のうちの）2枚を

162

第4章　PCR検査

次にまた比較してみる．で，4枚のうちの2枚を比較したとき
に，釣り合うか釣り合わないか，どちらかだよね．釣り合っ
た場合，偽物はこっち（比較しなかった2枚のどちらか）
だ．釣り合わなかった場合，この（比較した2枚のどちら
か）どちらかが偽物だ．これはいいかな？

　じゃあ，釣り合わなかった場合，この（比較しなかった2
枚の）どちらかが偽物なんだけど，重い方が軽い方かは，ま
だ分からない．だけど正しいコインがいることが分かってるか
ら，候補の2枚の一方と，正しいコインとを比較して，もし
釣り合えばこれ（比較しなかった最後の1枚）が偽物だ．も
し釣り合わなかったらこれ（ホンモノと比較した1枚）が偽
物，という話だな．で，いま「この2枚のどっちかが偽物
だ」と分かったときに，もう1回で済む．で，2枚の中に偽物
があると絞りこまれた場合，正しいものと比較すれば（ニセ
ガネを）決定できる．

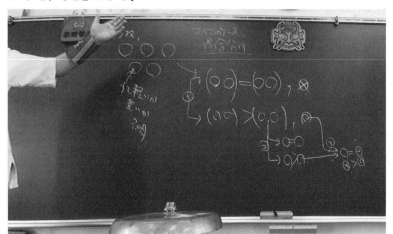

第4章　PCR検査

　だから天秤を使うのは，1回，2回，3回でいける．ちょっと手順を工夫したら3回でいけた！イェーイ！（ゴング）分かった？

　このように，重い軽いかが分からない場合でも，3回で決着がつく．このシリーズは一旦ここで止めるんだけど，世の中にはもっと難しいバージョンのニセガネ問題があって，世の中にあるバージョンは【参考問題】に書いてある．

【参考問題】（ニセガネ探し問題の有名バージョン）
　見た目も大きさも同じ13枚のコインがあって，そのうちの1枚だけがニセガネだという．ニセのコインは，正しいコインとは重量が異なるが，重いのか軽いのかはわからない．天秤を何回か使うことで，どれがニセガネであるかを必ず決定できるが，その回数の最小値はいくつか．

　13枚になると結構難しいよ．まぁ，あとでゆっくり楽しんでもらうことにしよう．それから「13枚の偽金コイン探し」とかで検索すると，ネット上にはもう解答がいっぱい載っているから，散々考えて見つかったらそれで良いし，あるいは分からなくてもネットで調べれば出てきますので，まぁ楽しめるのではないかと思います．

第4章　ＰＣＲ検査

　さて，ここでね，いま5枚のコインに対して手順を工夫することで3回で済んだ．ちなみにね，13枚の場合は何回ぐらいでできそうかな？　どうでしょうか……．5枚で3回だったよね．13枚だと何回ぐらいかかりそう？

生徒：5回？

　5回ぐらいかなって……，そうだよね．いい感じですね．「5回じゃないかな？」って思うところが真っ当な感覚なんだと思うけど，なんとね，驚くことに……，13枚でも3回で倒せる．14枚になると4回かかっちゃう．でもね，3回で倒せる限界が13枚だということで，13枚の問題が有名になっています．13枚の中で1枚だけ偽物があって，それが重いか軽いか分からないのを3回で決定できるっていうこと自体，なんか「すごい」と思わない？

　やっぱり，頭のいいやつはいるんだな……ってさ，これができちゃうんだな，3回でできちゃう．結構，驚くよね？

　いま5枚で3回はみんな納得できたでしょ？　これが13枚でも3回でできちゃうんだっていう問題が世の中にはあるんですよね．つまり，キーワードとしてね，さっきから言っている《アルゴリズム》とか，あるいは《手順》，《手続き》というものを上手に工夫していくと，かなり手間を削減して目的を達成できるということがあるんですよ．

第4章　ＰＣＲ検査

〈プール方式のＰＣＲ検査の現状〉

　今度はここから，ニセガネ探し問題の話を，新型コロナウイルスＰＣＲ検査の話に，結び付けていきます．ＰＣＲ検査というのは，僕はまだ受けたことがないけど，聞くところによると，ノドとか鼻に何かを突っ込んで，検体をとる．検体っていうのは，体液を採るわけですね．その中に新型コロナウイルスの遺伝子があれば，それを増幅させて，検出することができるという検査法なんですよ．

　ある遺伝子を増幅させるものだから，あれば広げられるんだけど，ただ実際にですね，仮に新型コロナウイルスに感染していても，検査の時に鼻から採った検体に，たまたまウイルスが含まれていない可能性だってありますよね？　だから100％絶対に見つけ出せるというものでもない．そういうものなんですね．

　そのＰＣＲ検査に関してね，東京都に世田谷区という自治体があってな，保坂展人（ほさかのぶと）さんという区長がいます．東京ではよく知られた政治家なんだけど，その保坂さんが「世田谷区のＰＣＲ検査を《プール方式》でやるのだ」と言ったんだ．プール方式っていうのはどうするのかというと……，そもそもそういうことを考えるのはね，ＰＣＲ検査って一回分の検査で3万円ほど掛かると言うんですよ．3万円……インフルエンザの検査って3万円もかからないよね．新型コロナは3万円かかると．何で3万円かかるのかな？……って僕も調べてみたら，確かに3万円っていう数字が（ネットで）出てきた．

第4章　PCR検査

　一つはやっぱり，検査すること自体でウイルスを採ってくるわけだから，検査をする人の「身の危険」がありますよね．だから「臨床検査技師」という資格を持った，「関所」を通り抜けて資格を身に付けたその人たちにしか検査をさせない．その人たちの人数が限られていて，ちゃんと報酬を払わなきゃいけないから，やっぱり危険な検査だから，それなりの設備が必要だ．

　つまり「特別な設備と特別な能力を持った人員をかけなきゃいけないから，3万円かかっちゃうんだ」と説明されているんです．

　ちなみにあと，お医者さんは（検体を採取しても）よいらしいんだけど，歯医者さんでは駄目だとか．はぁ？……医者はいいけど，歯医者はだめなの〜？……みたいなね．歯医者さんって，麻酔の注射とか，日常的にやっているはずだから，スキルの上では何の問題もないはずだ．

　つまりこの検体を採るのも，やっぱり鼻とかに異物を突っ込むから「ハクショ〜ン！」とやられて飛沫が飛ぶから，検査する人も防護服を着て，特殊能力を持たないと検体が取り出せないと．それは，医者はいいけど歯医者は駄目だとか，もう世の中「関所」だらけだろう？

　だんだん社会の仕組みが分かってくるよね．そういう「関所」が設けられているので，だから日本は検査が拡大できないのだと．そういう理由付けに使われているわけ．

　まぁなんかいろいろ言ったけど，検査するのに3万円かかる．世田谷区って人口が90万人だかの人口がいてね，東京都

の中でも人口を抱えている方の自治体だから，あちこちに
「クラスター」が出ているわけですよ．

　そうすると，クラスターが出たらその周りの濃厚接触者，
家族とか職場の人とかさ，ガンガン調べなきゃいけないんだ
けど，新型コロナの検査って「ひとりの感染者が出ました」と
いうとき，「家族全員を検査します」ので，「はい 3 万
円〜！」って請求書を出そうにも，出せないよね．法律に指
定された伝染病だから，新型コロナウイルスのＰＣＲ検査は，
実際のお金は 3 万円が，検査機関に報酬が出るんだけど，そ
れは世田谷区なり，国か自治体かのどこかで，お金を負担して
いるわけですよ．

　おそらくそのお金の負担もあって，日本国家がケチだから，
だよな．「俺たちはお金を印刷できるんだ！」，「3 万円ず
つ刷って配ってやるから全部調べろ〜！」とはやらないんだ．
国がケチだから．

　だからその検査費用 1 件 3 万円というのを世田谷区が負担
しなければいけない．そうすると区の財政には限界があって，
クラスターが出たときに「はい 3 万円！」また「はい 3 万
円！」ってさ，そんな大判振る舞いは……できないですよ．

　そうすると，お金を節約する．つまり，コインで言うと，
「天秤に乗せる回数を減らせる工夫ができるんじゃない
か？」ということで考えた《プール方式》というのがある．

　どうやるのか．検査の検体をとりますよね．4 人分をとった
ら，4 人分の一部ずつを取ってきて，混ぜ合わせた上で検査に
出すと．これどう？　ぱっと聞いて大丈夫？

第4章　PCR検査

4人分を混ぜて検査する．分かる？

　頭いいよね，この検査方式．4人分を混ぜて検査して，もし陰性だったら4人とも陰性だよね．ということは4人を個別に検査すると12万円かかるところが，4人分混ぜて1回検査して陰性だったら3万円で済むんだな．

　もし4人混ぜた検体で陽性が出ちゃいましたとなると，もう一回4人分を調べなおさなきゃいけないね．だから陽性が出た時には保存してあるもとの4人分を1人分ずつ検査するから，その場合にはですね，4人分1回やって3万円，個別にやって12万円，合わせて15万円なんだよな．

　また，もしコインの問題のように，次に2人分を混ぜて検査するとかすれば，もう少しお金を節約できる．そこまでやっているかどうかは，知らないけど．

第4章　ＰＣＲ検査

　そもそも，陽性が出ちゃう確率って（現時点では）そんな高くないから，基本的には４人分を混ぜて検査をすると相当安上がりになる，というのは分かる？

　この「プール方式」というのを聞いた時にさ，「そんなことできるんだ！」「頭いいな！」って感心したんだ．感心したのと同時にこのコインの問題を思い出したんだ．「あ，アルゴリズムだ」．しかもそのアルゴリズムを使うことではっきりと世田谷区のＰＣＲ検査にかかるお金をかなり圧縮できる．「保坂区長やるなあ！」保坂さんが考えたのか，あるいは周りの頭のいい側近が区長に教えてあげて記者会見して発表したのか，どちらなのかは分かりませんけど，頭いいよね？

　ところがだ！　厚生労働省がな，「ならぬ！」と言ったんだ．どういう理屈か．例えばですよ，４人分を混ぜる時に，陽性の人が４人のなかに混ざっていてもね，採ったところからさらに一部を取って混ぜるから「混ぜたら薄まっちゃって検出できなくなるんじゃないか？」と．そういうことが検証されていないから，つまり検査の精度が「本当に混ぜて検査してもひとり分の陽性をちゃんと検出できるのか分からないじゃないか．ならぬ！」というんだ．

　大体さ，「駄目だ」と言うときって，理由なんかなんとでも言えるよね．おそらく厚生労働省にとっては，世田谷区に出し抜かれて，結局それが「厚生労働省より世田谷区の方が頭いいじゃん！」って話になっちゃうでしょ？

　だから理由を作って「駄目だ」と言う．そのプール方式を言ったのは８月上旬の記者会見で「おー頭いい！」と思ったんだけど，いま11月．「まだできていない」んだって．なん

第4章　PCR検査

かダメだと言われたから，東京大学（先端科学技術センター）の研究室で実験して，大丈夫，「混ぜても薄まっても，陽性反応は出るので大丈夫だ」という結果が最近出たという．

　数百個の検体の中に 12 個の陽性検体を混ぜて，いろいろやってみて全部陽性だけを検出できたという．数百枚のコインの中に 12 個の，偽物コインじゃないけど陽性の検体を混ぜた上で，プール方式で調べたら 12 個の検出に成功したというニュースだ．たぶん，これなら大丈夫だろうな．そんなような話がありました．

〈ＰＣＲ検査における４つの状態〉

　じゃあこの（生徒に配布している手許の）プリントの後半に表があるんですけど．

		真の状態（詳細な検査と診断で確定）		
		陽性	陰性	
検査結果	陽性(positive)	真陽性(true positive) TP 人	偽陽性(false positive)(第1種の過誤：α過誤) FP 人	陽性的中率 $=\dfrac{TP}{TP+FP}$
	陰性(negative)	偽陰性(false negative)(第2種の過誤：β過誤) FN 人	真陰性(true negative) TN 人	陰性的中率 $=\dfrac{TN}{FN+TN}$
		感度 $=\dfrac{TP}{TP+FN}$	特異度 $=\dfrac{TN}{FP+TN}$	

第4章　ＰＣＲ検査

これ（2020年の）2月～3月ぐらいにクルーズ船騒ぎっていうのがあった頃に，テレビでもこの表のような概念は紹介されていました．

これは条件付き確率とか検査関係では有名な表でありまして，検査の結果として陽性／陰性．それから，実際にその病気に罹っている／罹っていないの陽性／陰性．4つの状態が考えられるわけです．

【知識】（ＰＣＲ検査に関する用語）

　以下では，ＰＣＲに限らず，一般の検査について共通の概念を整理します．検査を受ける人を全体集合としたとき，「検査の判定としての陽性／陰性」と，「真実の状態としての陽性／陰性」があり，これらを組み合わせることで $2 \times 2 = 4$ 通りの状態が生じます．表のように，4つの状態には

　　　「真陽性（True Positive）」
　　　「偽陽性（False Positive）」
　　　「偽陰性（False Negative）」
　　　「真陰性（True Negative）」

という名前がついています．これは，名前から読み取れるイメージと齟齬はないと思います．

実際の陽性が True Positive，TP．なんだけど実際には陽性なのに検査したら見逃しちゃうっていう，False Negative という状態があって，これは検査ミスだよね．それから実際に陰性の人が正しく陰性ですよっていうのが True Negative，正し

第4章　ＰＣＲ検査

く陰性．というのと，本当は陰性なのに検査で陽性と出てしまう False Positive, 検査ミスっていうのがあるんですね．

> 　検査の「感度」とは，真の状態が陽性である人数（そこには真陽性と偽陰性が混在している）のうちの，真陽性である人数の割合のことです．
>
> 　「特異度」とは，真の状態が陰性である人数（そこには偽陽性と真陰性が混在している）のうちの，真陰性である人数の割合のことです．
>
> 　「陽性的中率」とは，陽性と判定された人数（そこには真陽性と偽陽性が混在している）のうちの，真陽性である人数の割合のことです．
>
> 　「陰性的中率」とは，陰性と判定された人数（そこには真陰性と偽陰性が混在している）のうちの，真陰性である人数の割合のことです．

　この新型コロナウイルスのＰＣＲ検査の検査キットの性能として，まず《感度》という概念があります．感度というのは，本当に陽性の人の中で，検査としてちゃんと陽性を捕まえる確率というのが 70 ％なんだ．ちょっと低くね？　そんなのでいいの？　っていう感じはするんだけど，素人的にはな．ただ，実際に僕は検査を受けたことが無いので分からないんですけど，もしこれ感度 70 ％だとしたら，検体を何カ所か，喉からとって鼻から取ってとかやることでこの感度は上げることはできるとは思うんですが，実際どうしているのか僕は分かりません．

第4章　PCR検査

　それから次，陰性の場合にですね，陰性の人を正しく陰性
と判断する確率っていうのが《特異度》で，これは 99 ％だと
いうんですよ．実際にその陰性の人なのに陽性だっていうふう
にしてしまった事例っていうのは，今年もね緊急事態宣言中の
4月ぐらいにあったのでね，名古屋市でPCR検査のミスが
あって，肺炎かなにかで亡くなった方のPCR検査をしたら，
本当は陰性だったのに陽性だって判断しちゃったんだと．

　そうすると何が起こるかっていうと葬式ができないよね．
病院で死んで，死んだあと検体とって陽性だと判断しちゃう
と，葬式ダメ！

　もう即火葬場で焼いちゃうっていうことが起こっちゃったわ
け．実際そうしてたわけ．病院でコロナで亡くなった人は，葬
式をやらないで火葬場に直行ということが現実に行なわれてい
たんだけど，名古屋市のこの件は検査の間違いだった．本当
はコロナ死じゃなかったのに，それで葬式ができなかったと
いうことで，名古屋市がご遺族に「すみませんでした」と謝る

第4章　PCR検査

ような，そういうことがあった．そういうことがこの残り1%の事例ですよね．実際にもあったようです．

　実際に今度問題になるのはですね《陽性的中率》，つまり検査の結果陽性と出た中で本当に陽性の人，本当に病気の人がどれくらいの割合なのか，という陽性的中率という概念がある．

　この感度・特異度と陽性的中率とはちょっと概念が違っていてね，感度とか特異度っていうのは検査の技術の問題だよね．つまり感度の良い検査，もっと性能の良い検査キットを作ればこの数字は上げられるわけですよね．ところがこの陽性的中率というのは実は検査キットの性能とは違う数字になっていて，これはですね実際に街の中にその病気に罹っている人の割合，どれぐらい市中感染が広がっているかによって陽性的中率が変わってくるということがあるのね．

第4章　PCR検査

〈陽性的中率〉

　実際に今から出す数字，ここの【問題3】っていうのはですね，ここでやってみせますけども，本当はね，もうちょっとゆっくり時間が取れればいろいろお互い計算とかやりたいんだけど，時間もないのでここはやってみせますね．

> 【問題3】　(有病率 0.1% での陽性的中率)
> 　ある都市では，住民の 1000 人に 1 人の割合で（罹患率，有病率 0.1%）新型コロナウイルスに感染しているという．ＰＣＲ検査における《感度 70%，特異度 99%》を前提として，陽性的中率を求めよ．

　これは「条件付き確率」なんだよ．つまり数学の問題としては「検査で陽性が出たという条件のもと，本当にその病気に罹っている条件付き確率は何か？」という，数学の問題としてはそういう問題なんだ．

　もっと話を単純化して，じゃあ全部で 10 万人に検査したという設定にしましょう．ここで人口 10 万人の町に，本当のところ患者が何人いるかというのは，状況が感染の最初の頃と広がっちゃった時とではやっぱり違いますよね？

　そこで 10 万人いた時にこの患者数っていうのがね，有病率 0.1%．つまりね，千分の一ぐらいじゃないかと．例えばね，3月〜4月の東京で千分の一ぐらいだっただろうと，推定でき

るんです，あの頃の東京は．10万人の千分の一ってどれぐら
いかな？　何人ぐらいだ？　100人だな．

　ということはこっち，99,900人が大丈夫だ（感染していな
い）と．100人の患者に感度70％で検査すると，70人がここ
で引っかかってきて，30人を見逃すことになるよね？
　まず「検査を抑えた方がいい」と主張していた人たちの春先
の立論は，「100人のうち30人をそのまま野に放つことにな
る」と．しかもその人たちは普通の人じゃなくて検査を受け
て「あなた陰性です」という「お墨付き」をもらった上で町
の中を歩くから，「俺は陰性だー！」って歩き回るから「こ
の30人が広げちゃうんじゃないか，危ないぞ」ってまず厚生
労働省は言ったわけです．実際には厚生労働省が言うんじゃな
くて，厚生労働省のシンパの医者たちってのがいるわけ．

つまりお医者さんたちの中にも「厚生労働省の言う通りにやります！」という人たちと，専門家として「ダメだ」と言っているお医者さんたちと，見解が分かれたんですね．で，厚生労働省のシンパの人たちは，ブログとかにこういう数字を出しているんです．いま僕は，その数字を拾ってきてやっています．

この 30 人が陰性のお墨付きを得ているのだから，まだ検査していないで心配している人じゃなくて，検査して陰性だったから堂々と街中を歩き回って「こいつらが広げるだろう」と思ってまず彼らは言った．いい？

僕が「彼らは言った」という場合というのは「奴等の言い分を紹介するとこうだよ」という意味だからね．疑う心を育てたいんだ，僕はな．疑う心，疑う力は大事だよ．

第4章　PCR検査

　次．この 99,900 人に対して特異度 99 ％だから，検査ミスがここに 1 ％でますよね．99,900 人の 1 ％ってことは，999人．ということはざっと 1000 人．これまずいと思わない？

　つまり，陽性的中率が 1070 人のうち本当の陽性が 70 人しかいない．これを計算したら 6.5 ％と出る．つまり検査で陽性と出ても，検査ばーっとやってもお金もかかるし効果もないし，「だから検査をたくさんやるなんて間違ってるんだ！」とあいつらは言った，4 月に．でもこのような試算により，陽性的中率は 6.5 ％しかない．だから心配だと言っている人たちに，「めったやたらの検査をするのは駄目なんだ！」と厚生労働省のシンパの医者たちがそう言ったんですよ．

　俺は最初にこれを聞いたとき，「あ，そうなんだ」と……最初に数字を見せられるとね，「そうなんだ．へー」と思った．でも「ちょっと待てよ？」と．千人に一人しか患者がいない状態で，10 万人全員に検査をするというのは実際の財政上は，あり得ないよね？　そもそもこの試算ってその通りの検査をするっていうことがそもそもあり得ないことを言ってるでしょ？　というのがまず一つ問題があるな．

　それから厚生労働省はそこで何と言ったかというと，「医者を通せ」と．つまり，「熱が出てるので心配でーす！」，「検査してくださーい！」っていう電話は全部シャットアウトした．医者が診断をして，確かにこの人疑いがあるなって，医者の経由で保健所に来たものだけに絞って検査したんだ．そうするとですね，お医者さん経由だけに絞ると何が起こるかというと，この有病率 0.1 ％，これは人口全体に対してだけど

179

も，「熱が出ていて心配です」ってお医者さんに来て医者が実際に問診して，「あ，これは検査する必要があるな」と判断した集団になると，有病率は上がりますよね？　そこで今度は，お医者さんが面倒を見た1万人で，有病率10％．千人と九千人．さすがに医者の所に来て熱が出ていて，お医者さんも「これはちょっと調べたほうがいいな」という人だと，やっぱり有病率は通常の0.1％に対して10％．この段階で100倍ぐらいだよな．100倍ぐらい「濃く」なってますよね．これで同じことをやったらどうだろう？

> 【問題4】　（有病率10%での陽性的中率）
>
> 　ある医療機関では，発熱などの症状を訴える患者の10人に1人の割合で（罹患率，有病率10%）新型コロナウイルスに感染しているという．PCR検査における《感度70%，特異度99%》を前提として，陽性的中率を求めよ．

　やってみると，有病の1,000人に対してここ7割だから真陽性は700人だよね．偽陽性は9,000人の1％だから，90人．すると陽性的中率が，790分の700．これだと陽性的中率は88.6％になるんだよ．

　つまりお医者さんを通したら陽性的中率が88.6％になるから，3万円の検査が無駄にならない．検体をとるのは医者しかできない．歯医者すらダメ．それから検査技師も資格があって危険な仕事だからちゃんと報酬を払わなきゃいけないとな

ると，無駄な検査なんかやってる余裕はないんだから，医者
を通せばこうだぞ．

　そうすると実際4月頃東京ではどうなっていたか．熱が出
て心配だという人もいますよね．心配な人もさ，4日間家に居
ろとか言われたんだよな．なんか埼玉県の人で国の言う通り
4日間家に居たら死んじゃった！　とかいう例も出ているし，
あとで厚生労働省は当時の大臣が，「国民に誤解を与えた」
と．何を言ってるのだ！　国民の側が誤解したとか言ってるん
だ．とんでもないよな？

　自分たちが「4日間家に居ろ」と言っているのに「国民に
誤解を与える表現だった」って．つまり4日間家にいて死ん
だほうが「お前が誤解したんだ」と言っているわけですよね？

　先ほど「大本営発表」と言いましたけど，要するに権力を
持っている人たちの発言というのはね，怪しいんですよ．こ
れ，なかなかね，学校で公立学校として日ごろそういう公教育
で「権力を持っている人たちの発言は怪しいものだ」とか
さ，なかなか先生方は言えないだろうから，「俺が代わりに
言ってやる！」　俺は外から来てるからな．「怪しいんだ」，
あいつらの権力の言ってることはね．そういうのはね，よく
ポジショントークという．彼らの立場に基づくトーク．内心の
心からの思いを述べているのではなくて，厚生労働大臣とい
う立場から「国民に誤解を与えた」と．何を言ってんだテメ〜
ということを言う．

第4章　ＰＣＲ検査

〈中国・武漢データを踏まえた陽性的中率〉

さて，検査数を絞れば，陽性的中率が 6.5 ％から 88.6 ％に
なるんですよと．「だから検査しない方がいいんです」と言っ
た．ここまで言われると普通の人は信じちゃうよな．ここま
で言われたらさ．

でもな，ちょっと待て，まだ次があるんだ．今度はな，こ
の特異度 99 ％っていうのがある．中国の武漢という，最初に
パンデミックが出た都市がありますね．で，中国の武漢で
は，実際にあそこも百万人とか何十万人とかガンガンガンガ
ン検査して，今はもう完璧に近く押さえ込んでるんだよな．
武漢でやって分かった特異度は，99.997 ％って出たんだ．
ここでな，いいか？　ここの 99 ％を 99.997 ％に変えたら何
が起こるか．これまたやってみよう．

【問題 5 】　（特異度 99.997% での陽性的中率）

中国武漢市での検査実績から，ＰＣＲ検査の特異度は
（ 99% ではなく） 99.997% であることがわかった．

ある都市では，住民の 1000 人に 1 人の割合で（罹患
率，有病率 0.1% ）新型コロナウイルスに感染していると
いう．ＰＣＲ検査における《感度 70% ，特異度
99.997% 》を前提として，陽性的中率を求めよ．

そこでですね，ここの数字がかなり大きいから全体の人数
を 100 万人ととります．100 万人で有病率は 0.1 ％ですよね．

100 万人の 0.1 ％，これ調べるとね，有病者は 1,000 人です
よ．でこっち（無病）が 99 万 9 千人だよね．陽性者数は，偽
陽性が 99 万 9 千人の 0.003 ％で，大体 100 万人に対する
0.003 ％としてよいので，これ計算するとね，約30 人となり
ます，偽陽性ね．それから真の陽性は，有病者 1,000 人の 70
％，ここ 700 人ですよね．これ陽性的中率が 730 分の 700 な
んですよ．これがね計算すると大体 95.89 ％.

　この前提をですね，ここの有病率 0.1 ％を同じにしているの
で，この表と見比べて欲しいわけですよ．「あいつら，やりや
がったな」って感じする？　これ．
　いいかい？　有病率 0.1 ％は同じで，特異度 99 ％と 99.997
％で，陽性的中率がかたや 6.5 ％．かたや 95.8 ％．「やりや
がったな～」だよね．ちなみにこの数字は東京大学保健セン
ターのホームページに，今もこの数字が載っている．みんな

183

第4章　PCR検査

「東京大学保健センターウェブサイトより引用」とか言ったらさ，どうかな．俺だってそれは出来るんだよ．今日の授業で全く態度を変えてね，「東京大学保健センターのホームページを引用してきました．希望者みんなが検査してると 6.5 ％しかないんですね〜！ 検査数を絞らないといけませんね〜！」って，国の言う通りの授業をすることもできるんだよ．東京大学がどこまでグルだったか，そこはわからないが，東京大学保健センターと書いてあっても「怪しいぞ〜」ということだね．ただ，みんなあらゆることを自分で調査する暇はないよね？

　暇はないから，専門家のいうことはある程度は信用せざるを得ないのですが，今回のケースでいうと「検査数を絞った方がいいんだ」と．一方でWHOは「ちゃんと調べろ」と言っている．「おや？　これは国のことだから，また何かやってるかもしれねえな」と疑って，ちゃんと調べたら「あ〜出て来た，出て来た．授業のネタにしよう」って，こういう感じになってるわけですよ．

　はい，ということで時間が来ちゃったね．あいつら数字を使ってごまかして騙してくる．いいか．数字を使ってちゃんとやってくれる人もいるけど，数字を使って騙してくる奴らもいるんだよ．「統計を使って嘘をつく方法」があるんですね．

　たぶんこの件なんかも，その新しいバージョンに新しい事例として入れてよい問題だと思いますけども，そうやって統計ってのはいかにも「サイエンスです」，「ちゃんと過去の累積のデーターがこうなってます」と言っておきながら，それを使って騙すという手口が，世の中にはあるんだ．

第4章　PCR検査

　だから君たちに，これから僕からの一応のアドバイスとしてはね，「何でもかんでも信用するのは危ないよ」と．やっぱり《疑う力》ってすごく大切だよね．学校という場所で僕は大きな声で言うけど，僕はやっぱり自分が教育とかする時にさ，さっきも言ったけど，どうせ細かいことなんか忘れちゃうんだよ．

　だから疑いを持って，自分でちゃんと確かめようとかさ，そういう生き方，気持ちを持って自分の大事な判断に生かす．

　何でもかんでも信用するってことはさ，《自分の人生の大事な判断を他人任せにする》ということですよね．逆に，自分にとって大事なことは，ちゃんと手間暇かけて調査して，自分で材料を集めて自分で決断する．つまり《判断を人に任せない》ということ．

第4章　PCR検査

　僕はそういうことを《判断の座標軸を頭蓋骨の中に持つ》のか，《他人に任せる》のか，「きみはどちらの人生を生きるんだ？」っていうふうに，言ってるわけですよ．そんなことを今日は伝えられたらと思って，お話をさせていただきました．

（ゴング）

〈講義後の哲人メモ〉

　日本では諸外国と比較して，ＰＣＲ検査実施数が著しく少ない実情があり，この事実に関して多数の批判と論争があります．検査数を抑えたいとする立場（厚労省直轄の国立感染症研究所と，その下部組織である保健所，およびそれと立場を同じくする医師ら）からは，その根拠付けとして【問題3】～【問題4】のようなベイズ推定が示されました．

　数学の衣を被っている立論を前にすると，一般の人々は反駁する気力を失い，《権威》を信用してしまいます．しかし【問題5】のような事実を知ることで，検査数を抑えるための意図的なプロパガンダであった疑いも生じてきます．《脳に汗をかいて考える必要》があります．

　今般の（2020年秋の）米国大統領選挙の混乱を見てもわかるように，健全な民主社会を維持していくには，《疑う力＝科学的懐疑精神》の重要性が増しています．マスメディアの信頼性が著しく揺らいでいる一方で，ネット上の情報

洪水（インフォデミック）を観察してみると，その信頼性の幅は極めて大きなものとなっています．

　パンデミックのような社会の危機においては，多くのインフルエンサーが登場し「信じたいものを信じる」人々が社会の分断を拡げていきます．自分が信じたくない情報には「フェイクニュースだ」とレッテルを貼るなど，政治家の言動も印象操作に終始しています．この世界には《反知性主義》が浸透しつつあるようです．

　残念なことですが，判断を他人に預けることが，危険な時代になってきました．《判断の座標軸を自分の脳内にもつこと》が，きわめて大切です．そのための《学び》の重要性が，かつてなく増しています．

　数学は，計算術でもなければ，答えを当てるゲームでもありません．《正しく考え，判断する》ことを鍛える教科です．

第5章　ＲＳＡ公開鍵暗号
＠安積高校

【 2021 年 3 月 25 日に実施した
講演のアーカイブ】

(講義映像はこちら⇑)

　本書の第 5 章は，2021 年 3 月に福島県教育委員会が主催の
「オールふくしまリーダー育成プロジェクト」における講義の
一部をアーカイブしたものです．3 月 24 日に，福島県内各地
の進学校の生徒さんたちがバスで猪苗代に集まり，3 つのグ
ループに分かれて英数国 3 科目の講義を受けました．私が担
当する数学の講義は，《整数》をテーマとして設定し，3 つの
クラスに「ユークリッド互除法」，「中国剰余定理」，「ピタ
ゴラス数」という異なる 3 つのテーマの講義を実施しまし
た．翌 24 日に郡山市の安積高等学校に場所を移して，安積高
校の生徒たちにはライブ講義，福島県内の他の進学校の生徒
たちには後日のビデオ配信講義を提供しました．上記の 3 種
類の講義のいずれかを受講済みの生徒を対象として，「オイ
ラーの定理と公開鍵暗号」を講義したものを，本章でアーカ
イブします．途中，前日の 3 つのテーマに言及する部分があ
りますが，本書に収録するにあたり，その要点のみ補充して掲
載しています．

第5章　ＲＳＡ公開鍵暗号

〈学んだ命題のステートメント〉

数理哲人：安積高校の皆さん，こんにちは！
そしてビデオで見る福島県の皆さん，こんにちは！
……返事が聞こえたような気がする.

　昨日に続いての講義を始めたいと思います．今日は皆さんに
渡してあるテキストの第４章をやるんですけども，昨日は３つ
のクラスで第１章（ユークリッド互除法）のクラス，第２章
（中国剰余定理）のクラス，第３章（ピタゴラス数）のクラス
に分かれてやっていました．昨日は別のクラスだった皆さんが
今日は一緒にいるんですよね．昨日やった３つの話が今日も
またさらに繋がってくることになるのですが，みんな３つの
うち一つしか受けていないじゃないですか．だから昨日どんな
ことをやったのかを軽く紹介してから，今日の内容に入ろうと
思うのです.

第5章　ＲＳＡ公開鍵暗号

　皆さんにまず考えてほしい．昨日自分が受けた数学の講義80分のコマがありました．そこで学んだ数学の事実を数行でいいですから，「昨日学んだことは○○である」ということが言えるかな？
ちょっと書けるかな？
自分の手元に．昨日はこんなことを学んだ．それぞれのクラスで内容は違いますから，まずそういうことをビデオを見ている皆さんも，昨日いったい，自分のクラスではどんな《数学的事実》を学んだのだろうか，ということを考えてみてください．それができれば，それぞれのクラスで勉強したことの中に重要な命題があるんです．

　昨日の１クラス目だったら《ユークリッドの互除法》を取り上げました．ユークリッドの互除法というものは，例えば目的としては学校の勉強的には「最大公約数を求める手続き」である，ということだけど根本となる重要な命題があったんだよね．昨日はその命題を細かく，その証明をビッチリはやってないけど，テキストには証明が載っているものです．このような命題を，ユークリッドの互除法のクラスの人は，その根拠を作るいちばん基本的で重要な命題があった．《ステートメント》と言うんですけどね，「こんな状況の時に，こんなことが成り立つ」っていうふうに一般に命題は書かれますね．これは何だったのか．最初はユークリッドの互除法だったね．

　２つ目のクラスは，《中国剰余定理》（中国式剰余定理）というのをやりました．中国剰余定理ってどんな《主張》だった

のか．証明までは，いまはやらなくていいですよ．どんな主張を昨日学んで理解したのだろうか．

　それから3つ目のクラスでは《ピタゴラス数》について学びました．どんな主張を学んだのか．それぞれのクラスの内容をですね，まず思い出してみよう．

　これがちゃんと書ける人は，「昨日の授業から数学的な事実を一つ身に付けたのだ」と言えるわけだし，中には「あれ，何だっけな，昨日なんか数学の授業を受けたんだけど，数学のコアな部分は，何だっけな」みたいな人もいるでしょう．ちゃんと出てこない場合はですね，もうちょっと数学の授業の受け方・勉強の仕方を考えていく必要があるね．

　まず一つ目最初のクラス，《ユークリッドの互除法》のクラスでは一番最初にこの $a = bq + r$ のときに成り立つことについての主張です．

[命題]（互除法の原理）

　　2つの自然数 a, b について，a を b で割ったときの商を q，余りを r とすると，

　　a, b の最大公約数は，b, r の最大公約数に等しい．

こんな主張があったんだよね．これ検定教科書にもちゃんと書いてある．はっきり書いてあることでした．それを根拠にユークリッドの互除法の手続きが正当化される．

第5章　RSA公開鍵暗号

　さらに，授業の後半ではその手続きがね，教科書の勉強で
は「整数と整数の間の互除法」を前提としているけれども，そ
の2つの数として別に整数比でなくても無理数の比に対して
も互除法のような手続きを行うことはできて，無理数の場合
にはその手続きが無限に続く．そんなことを昨日の第1章の
クラスの人はやりました．第1章のクラスに出ていた人は，そ
んな風に昨日の内容を捉えられているかな？

　2番目のクラスでは《中国式剰余定理》をとりあげました．
これ一般性の高い方を書きましたが，2つでもいいし一般的に
k 個でも言えることなんだけど，2つの場合でステートメント
を述べると；

［命題］（中国剰余定理・基本形）

　正の整数 m, n が互いに素であるとする．

　任意に与えられる整数 a, b に対する連立合同方程式

$$x \equiv a \pmod{m}, \quad x \equiv b \pmod{n}$$

をみたす整数 x が，mn を法として一意に存在する．

ただしこの法となる m, n が互いに素であることが，大きな意味をもっていた．これを中国剰余定理と言いました．

3番目のクラスの人はどんなことをやったかというと，直角三角形の定理ですね．直角三角形に関わるピタゴラスの定理 $a^2 + b^2 = c^2$ を満たすような正の整数の組というのが「幾らでもあるんだぜ」という話．さらに a, b, c は互いに素という条件を付けて厳しくしてみても，「それでも無限にあるんだ」という話をやりました．

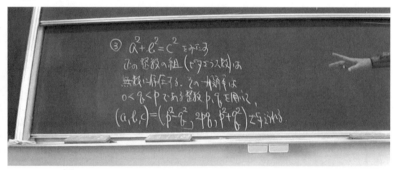

　無限にあることを証明するのに，「石」を並べた図を使った説明をしてみたり，あるいは $\sin\theta$ と $\cos\theta$，つまり三角関数を利用したりしながらも説明しました．

第5章　RSA公開鍵暗号

[命題]　（ピタゴラス数の一般解）

$a^2 + b^2 = c^2$ をみたす正の正数の組 (a, b, c) に対し，

$0 < q < p$ なる整数 p, q で

$$(a, b, c) = \left(p^2 - q^2, 2pq, p^2 + q^2\right)$$

となるものが存在する．

これで全てのピタゴラスを表すことができるんだ，ということを昨日紹介しました．ただし授業の中でやったのは「無限にあるんだ！　ほらこういう形で解が書けるんだからもう無限にあるでしょう」ということはやったんだけれども，すべてのピタゴラス数がこの形に書けるということについては，そういう事実を紹介しただけで証明まではいきませんでした．

194

第5章　ＲＳＡ公開鍵暗号

　こんなことを昨日の 3 つのクラスでやったんだね．昨日せっかくこういう形で縁があって数学の授業を受けた．別にこのような非日常の特別な講義だけじゃなくて，日ごろの数学の授業でも 1 時限の授業を受けたら「今日は何を学んだのかな」ということを，このような命題のステートメントの形で把握するとよい．ステートメントというのは，《命題》が主張している内容の骨子．その主張を学んで積み上げていくのが数学の学習である．

　どのクラスでも言ったのは，結果主義とか，答えを合わせて試験で点数を獲る．それは君たちには必要なことだけれども，そこにばかり集中するのでなく，いったい「どのような主張を学んでいるか」ということを明示的に意識すること．

　一時限の授業で《命題＝主張》の一つや二つは必ず出てくるはずですから，そういうものをしっかり理解して積み上げて溜めていく．そういう数学の勉強をやりましょうということをお話ししたのでした．

　それが，もう紛れもなく数学の正しい勉強方法です．正しくない勉強の例として，問題ごとに「この問題はこの解き方．あの問題はあの解き方」とばかりに，問題の解き方ばかりを覚えるという勉強は「試験で点数を獲る」という意味では多少の効果はあるけども，それは根本的に数学の学力を積み上げていくということにはなかなかつながらない．昨日はそんな話を，それぞれのクラスでさせてもらいました．

　ここまでの話で言いたかったことは，それぞれの時限ごとに学んだ事実を「ステートメント」として頭の中にガシッガシッと入れていく，ということをやろう．さらに，できれば証

明をすることです．結果だけに飛びつかない．「どうしてそうなのだ？」という証明．簡単な言葉で言うと，数学という学問は「根拠なき主張は認めないんだ！」ということを昨日やりましたね．どのクラスでもそう言ってきたので，根拠も付けて理解する．（ピタゴラス方程式の解が）「無数にあるのだ」という結論だけに飛びついても，それは数学的知識ではなくて，社会的に知っているということに過ぎない．

　根拠を理解して数学的知識を溜めていこうね，という話をしました．それが数学の正しい勉強法で二千年来そういうふうに続いてきてるのです．数学という学問は．

第5章　RSA公開鍵暗号

〈フェルマーとオイラー〉

じゃあ，今日のところに話を繋げていくけれども，今日は第4章．今日出てくるのは人の名前でいうと，フェルマーさんとオイラーさんっていう人が，人名としては出てきます．

生まれと亡くなった年は，フェルマーさんが17世紀．享年57歳．私の年齢だ．昔の人はあんまり長生きできない人も結構いらっしゃったんだな．そしてオイラーさんがほぼ100年遅れ．この人は70代まで生きた．この時期で70代だったらそれなりに長生きできたみたいだね．17世紀の人と18世紀の人の業績を今日は勉強します．

なぜ年代を書いたかというとね，今日は「フェルマーの小定理」を学び，それから「オイラーの定理」というのも学びます．あんまりガツガツの証明をやっていくと，辛い人もいるかもしれない．

第5章　ＲＳＡ公開鍵暗号

　証明はプリントに書いてあるから，大体こんな感じの話で
すよっていう大枠を今日は時間の中で話をするので，ちゃんと
学びたいなと思ったら，プリントに書いてある証明に向き
合ってくれるといいですね．

　これ 17 世紀〜 18 世紀でしょう．この人たちがフェルマー
の小定理とかオイラーの定理というのを見つけ出した頃．彼
ら自身が「後にこんなことになる」なんて，思ってもいなかっ
たことが 20 世紀の後半，1970 年代から 1980 年代ぐらいに起
きた．この頃は，君たちは生まれてないけど，僕はだいたい君
たちぐらいの年齢だった．僕が高校を卒業したのが 1982 年で
すから，その頃ですね，「ＲＳＡ暗号」と言われるもの，プ
リント（本書では【資料】として後掲）の問題の中に長い説明
がつけてあるんだけど，これがだいたい 1970 年代．そこから
現在に至り，今日も日々ネット社会の中で使われています．Ｒ
ＳＡというのは三人のアメリカ人の名前（の頭文字を並べた
もの）です．情報科学者たちです．

〈ネット社会の安全性〉

　実際，君たちはまだネットで買い物をするとかっていうの
は自分ではやる人は少ないかな．あるいは親のクレジット
カードを使って買えるのかどうか分かりませんが，僕ら大人の
人たちは「Amazon」とか「楽天」とかそういうところでプ
チッとクリックすると買い物の注文ができて，なおかつお金
の決済も済んでしまうという世界に，いま生きている．

第5章　ＲＳＡ公開鍵暗号

　そういう技術って，君たちは当たり前のようにそういう時代に育っていると思うんだけども，僕らからするとね「いや，すごい時代になっちゃったな」って．だって普通まずお店で物を買うときって，その店が安全な店かどうか，その判断から始まる．やっぱりヤバそうな店って世の中には時々ありますからね．例えば飲食店とかバーとかに入る時でも，ヤバそうな店と安全そうな店っていうのを，やっぱり見極めてから入りますよ，僕もね．

　じゃあネット上で買い物するときってどうなんだろう．ヤバそうな店ってやっぱりあるわけですよ，ネット上でも実際には．それからお店から見ても，こちらは初めて来る客ですよね．「こいつ大丈夫かな」って普通は心配なわけですよ．「ちゃんとお金を払ってくれるのかな」とか．いろいろ心配ごとは買う側にもあるし，店の側にもあるわけです．ネット上で会ったこともない，行ったことのない店で，ぽんと買い物ができるわけですよね．

　例えばですよ，私も自分で出版業をやっている．昨日ちょいと自己紹介をしましたけど．自分の講義録をネット上で販売とかもしています．非常に面白いんですけど，私が自分の出している本とかを自分で検索かけるとですね，私の本を売っていると称する《偽サイト》がいくつも現れるんですよ，本当に，今日も偽サイトが「哲人の講義ＤＶＤを売っている」と称しているわけですよ．だけど，そこに注文してお金を振り込むと「ブラックホールにお金を投げ込む」ようなものですね．あるいは一万円札をトイレに流すようなものだな．そういうことが現在進行形で，ある．

第5章　ＲＳＡ公開鍵暗号

　ただ私が被害を受けたわけでもないし，かといって人々の注意を喚起してもね，そういうものの怪しさに気が付かないでお金を振り込んじゃう人がいたら「しょうがないねぇ」と．被害者が出たときに初めて，場合によっては警察が動くようなことであるかも．本を作っている立場としては，その店に私の本の在庫が「絶対にない」という確信を持っているんだけど，売っているからといって直ちに「犯罪だ」と言えるかな，どうだろうね．私が書いた説明文とかが使われてるから著作権法違反だ，ぐらいは言えるかもしれない．だから，通報してもきりがないんですよ．

　世の中，それぐらい怪しいやつがいっぱいいるわけで，君たち高校生だと学校に守られ，親に守られて生きていると思うんです．周囲の大人に守られていますよね．たぶん，守られているのは学生の間だけです．社会に出るとね，社会の荒波にはそういった詐欺的なものは普通にゴロゴロ転がっています．

　いま何の話だったかというと，そういう社会でね，初対面の相手との間で安全に買い物をするためには《暗号化された通信》というものが必要で，これは単に通信内容の秘密を守るというだけではなくて，このことを応用していくと「本人かどうかの確認」ができる．ネット上でも，あるいは役所，例えば市役所とかで「印鑑証明」っていう手続きがあるんだけど，まぁ高校生はまだ使ったことないだろうね．

　印鑑証明という手続きや言葉を聞いたことありますか，君たち．ないかな……．例えばですよ，私が「郡山に家を買おう」といって，住宅ローンを組むとしましょう．住宅ローン

2,000万円を銀行から借り入れる場合，銀行との間で「借用証書」を作りますよね．でも銀行からしたら私，こんな怪しいマスクマン，2,000万円を借りるだけ借りて，そのまま逃げちゃうかもしれないじゃないですか．あるいはちゃんと返してくれるかどうか分からないですよね．もし返してくれなかった時には銀行としては裁判を起こしたいですよね．そうすると私が本当に実在している人物であるかどうか，もし私を訴える場合には私がどこにいて……，というようなことがきちんと把握できていないといけないわけですね．私がそこで現住所，郡山市の××って書いたとしてもそれも偽の現住所を書くことだって，できちゃいますよね．

　だからどうするかというと，郡山の市役所に「私の印鑑です」というのをまず届け出るんです．そして銀行からの借用証書にハンコを押す時に，そのハンコを郡山市役所が，「この人は郡山市民の数理哲人という人間であり，その人間の登録した印鑑の印影がこれです」ということを郡山市が証明する．そういう制度を《印鑑証明》と呼びます．

　このごろ世の中では《脱ハンコ》とか言ってるから，また変わるかもしれませんが．デジタル印鑑とかが今後出てくると思うんだけど，デジタル印鑑も暗号ですよ．これでできる．つまり暗号っていうのはね，スパイ映画的な感覚で言うと，通信している内容そのものを隠すということが当然に考えられるのだけど，それ以外に，こいつは本物であって偽物じゃない，印鑑証明と似たようなことができる．

　あるいはビットコインとか君たち聞いたことあるよね．《暗号通貨》と呼ばれます．ビットコインは10年ぐらい前か

な，2010 年ぐらいに出てきた技術だからもっと新しいですけど，基礎の基礎にはちゃんと暗号理論も埋め込まれている．こういう技術をね，そういう現在の状況をフェルマーさんやオイラーさんが予測できるはずないよね．17 世紀〜 18 世紀の数学者が，そんなことを予測できるわけはないのだけれども，この辺りの仕組みというのは，フェルマーさんやオイラーさんの数学的業績が使われています．

　彼らが予想しない形で使われている．自分の見つけた定理が．生まれた年と死んだ年だけ僕は調べて書いたけど，このうちのいつの時期に今日学ぶ定理が出てきたのか，そこまで分かりませんけれども．大体 17 世紀の半ばぐらいでしょうね．17 世紀の半ばぐらいに発見された定理というものが，いま 21 世紀になって使われていて，ネットとかでちゃんと仕事をしてる人たちは，大元をたどると「フェルマーさんやオイラーさんに足を向けて寝られない」ということでもあるわけだ．

　また，今日現在，数学の研究が進んでいますよね．大学なんかで数学者たちが研究をしています．今現在，数学の進んでいる研究っていうのは，もうかなり細分化が進んでいて，私がちょっと聞いただけではもう分からない世界まで行っていて，僕の同級生ぐらいの数学はよくできてる人って，もう大学の，東大なり東工大なりで教授になってるわけです．彼らが研究している最先端の論文というのは，僕がちょっと見せてもらっても，相当に頑張って勉強しないと，理解できない．いやたぶん，それを理解するためには，彼らのもとで大学院生として，修士課程や博士課程で，何年かそこに通って勉強しないと理解できないぐらい，進んでいるわけですね．

第5章　ＲＳＡ公開鍵暗号

　大学の教授が，今日研究していることは，私のように日ごろ数学を教えて回っているような人でも，それを理解するためには何年か勉強しないと理解できないのです．そこまでの所に進んでるわけですね．普通の人はですね，一応「覆面の数学者でござい」「旅する数学者でござい」と言ってる私でも数年勉強しないと理解できないようなことを，いま研究している．
「それって役に立つんですか？」
「だって大学の先生として給料もらってるのでしょ？」

　いま，日本政府はね，そういういつ役に立つかどうかもわからないような研究には，ほとんどお金を出さないという方向に走っています．大学はね，昔は国が直接持っている「国営」だったのが，国立大学法人といって自分で授業料を集めて，自分で産業界から金を集めて，自分で金を回してやれ，という制度に変更しているわけですね．

　これはどういう意味かというと，「すぐ目先に役立つようなものにしか国は金を出さないぞ」という方向になっているわけ．学問についてわりと理解の深い人たちは，「もうあの政府のあいつら《反知性主義》だからな．大学なんか，がたがたに解体するだろ，あいつらは」と言っています．

　話を戻すとですね，いまそうやって最先端で行われている研究をしている人たちね，フェルマーやオイラーのように自分の研究成果が数百年後の社会を変えるということを夢見ている人もいるかもしれない．誰にもわからないですよ．いま行われている最先端の数学の研究が，いつどのような形で人類の役に立つのかということは，分からない．分からなくても，やる．

でも，そういうわからないことに対して「やる」のってさ，当然その研究者たちは食べていかなければいけないから，それは誰かが給料を払わなければいけないですよね．そういうのは本来は国の役目だったんだけど，国はそういうことをだんだん切り離そうとしている．僕がいま，大学の先生の立場を弁護するとか，そういう立場ではないですけども，そういうことがいま進んでいるということも，知っておくとよいと思います．

フェルマーさんとかオイラーさんの定理は一体どういうことなのか？　それから，これがどうやって《暗号》に繋がっていくのかは，順々にやっていくことにしよう．

〈命題とは主張である〉

じゃあ今日のプリントのところに［補題］，［証明］，［補題］，［証明］，［命題］，［証明］，また［定義］，［命題1］，［命題2］…と次々といろんなことが並んでいますよね．この《命題》というのは何度も言いますが《主張》であってですね，例えば最初の命題を例にとろうか．

「$_pC_k$ は p で割り切れる」という主張なんだけど，そこだけを切り取っちゃダメですよ．命題を勉強するときに，結論だけ切り取ってきたら，それは正確な理解ではないわけですよ．よくよく読んでもらうと，p は素数だという前提と，k はその素数 p より小さな正の整数（$1 \leq k \leq p-1$）である．こういう

前提がついている場合に「$_pC_k$ は p で割り切れる」と，こういう主張が書かれています．

　これは高校1年生の勉強としては，まだ教科書には載っていない，教科書よりは難しい話ですけども，難関大学受験のレベルになると普通のもの．君たちの先輩が進学しているようなそれなりの難関大学では，普通の問題という感じです．

　まず事実として定理の主張を学ぶ．事実とか具体例で以て一つ納得する．「あぁ，確かにそうだな」と納得するプロセス，それから証明をしてさらに深く納得する．証明も，最初から自分で証明するというのは，得意な人はできると思うけど，みんながみんな最初から「どうしてかな」と自分で考えられるわけではない．そうしたら，証明は学んでインプットする．

　別にこの定理に限らず，授業で出てきたら，先生が証明を授業でやってくれたらインプットする．あるいは今回，君たちに

配っているプリントに証明が書いてありますから，自分で読んでインプットする．でもインプットで終わるとね，大学受験とかを考えると，自分でアウトプットできるというところまで持っていってください．つまり証明のインプットとアウトプットをしていく．だいたい多くのことはね，こうやって学んでいく．決して「結論だけに飛び付く」という勉強は，長続きしない．数学ではね．

　ここでね，君たちは「パスカルの三角形」って聞いたことある？

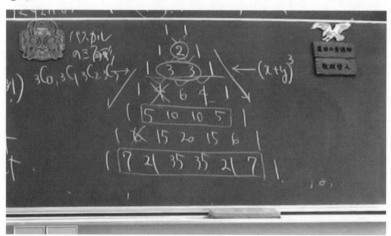

どうかな？

　事実としてはですねこういう数字の並びのことを言いますね．こういうものを「パスカルの三角形」といって，みんな見たことある？

　これは例えば 3 段目の $1, 3, 3, 1$ を例に取ると，$(1+x)^3$ を展開したときに現れる係数として並んでくる．またそれは別の言

い方をすると，コンビネーション，二項係数を並べたものでもある.

$$1+x \quad \text{-----------------} \quad 1 \quad 1$$

$$(1+x)^2 \quad \text{-----------------} \quad 1 \quad 2 \quad 1$$

$$(1+x)^3 \quad \text{---------------} \quad 1 \quad 3 \quad 3 \quad 1$$

$$(1+x)^4 \quad \text{-------------} \quad 1 \quad 4 \quad 6 \quad 4 \quad 1$$

$$(1+x)^5 \quad \text{-----------} \quad 1 \quad 5 \quad 10 \quad 10 \quad 5 \quad 1$$

$$(1+x)^6 \quad \text{--------} \quad 1 \quad 6 \quad 15 \quad 20 \quad 15 \quad 6 \quad 1$$

$$(1+x)^7 \quad \text{----} \quad 1 \quad 7 \quad 21 \quad 35 \quad 35 \quad 21 \quad 7 \quad 1$$

$_nC_k$ は組み合わせの数，コンビネーション.これ勉強してるよね.もうちょっと書きましょうか.7段目ぐらいまでいこうか.

$$(x+y)^1 \qquad\qquad {}_1C_0 \quad {}_1C_1$$

$$(x+y)^2 \qquad\qquad {}_2C_0 \quad {}_2C_1 \quad {}_2C_2$$

$$(x+y)^3 \qquad\qquad {}_3C_0 \quad {}_3C_1 \quad {}_3C_2 \quad {}_3C_3$$

$$(x+y)^4 \qquad {}_4C_0 \quad {}_4C_1 \quad {}_4C_2 \quad {}_4C_3 \quad {}_4C_4$$

$$(x+y)^5 \quad {}_5C_0 \quad {}_5C_1 \quad {}_5C_2 \quad {}_5C_3 \quad {}_5C_4 \quad {}_5C_5$$

$$\vdots \qquad\qquad \ddots \qquad\qquad\qquad\qquad\qquad \ddots$$

$$(x+y)^{n-1} \quad {}_{n-1}C_0 \quad \cdots \quad {}_{n-1}C_{k-1} \; {}_{n-1}C_k \quad \cdots \quad {}_{n-1}C_{n-1}$$

$$(x+y)^n \quad {}_nC_0 \quad {}_nC_1 \quad \cdots \quad {}_nC_k \quad \cdots \quad {}_nC_{n-1} \quad {}_nC_n$$

第5章　RSA公開鍵暗号

　パスカルの三角形と言いますけども，これを見てこの主張（ p を素数とし， $0 < k < p$ なるすべての k で $_pC_k$ は p で割り切れる）がどういう風に見えているかということを追いかけてみる．

　まずこの p というのは素数の段をとる．素数の段を取ると，$2, 3, 5, 7, \cdots$ こうですよね．$p = 5$ の段を見てみると，

$$1, 5, 10, 10, 5, 1$$

両端の 1 は $_5C_0$ と $_5C_5$ で，これを除外すると，

$$_5C_1 = 5 \ , \quad _5C_2 = 10 \ , \quad _5C_3 = 10 \ , \quad _5C_4 = 5$$

こいつらが全部，素数 $p = 5$ の倍数が並んでいると言っている．実際，こういうようなことが，この先もずっと成立すると言っている．

　素数は無限個ある．素数は無限に存在する．聞いたことある？

　素数は無限に存在するので事実とか具体例を並べているだけでは証明にならないし，これをコンピュータで全部調べ尽くさせるという証明はできない．いま僕は「コンピュータで証明する」という言い方をしましたが，高校生としてはあんまりコンピュータで証明するという立場ではないんだけど．大学受験のときにもそういうことはないんだけど，君たちの一部の人が理系の大学に進学して情報系の学科とか数学系の学科とかに進むと，ものによってはコンピュータで事実を確かめていってそれがもし有限のもので全部調べられるのであれば，それを以て証明とするということができる部分はある．

208

第5章　ＲＳＡ公開鍵暗号

[命題] 素数と二項係数
k が素数 p より小さな正の整数（$1 \leq k \leq p-1$）のとき，二項係数 $_pC_k$ は p で割り切れる．

今度はもうちょっと別の計算の具体例で見てみようか．例えば $_7C_3$ を例に取ってみて，どういう計算になるのかを書いてみる．これ君たち計算はすぐできる？大丈夫ですか？
分子分母は 7 と 3 から始まる積で，$_7C_3 = \dfrac{7 \cdot 6 \cdot 5}{3 \cdot 2 \cdot 1}$ となっているから，ヒュッヒュッヒュッと，（約分が）気持ちいいですね．7 が無傷ですよね．$_{11}C_5$ とか，素数 11 に対してもやる．11 と 5 から始めて……，$_{11}C_5 = \dfrac{11 \cdot 10 \cdot 9 \cdot 8 \cdot 7}{5 \cdot 4 \cdot 3 \cdot 2 \cdot 1}$，よし，11 は無傷だ．

この時点で君たちはこの事実，具体例を見て「大丈夫そうだな」っていう感じはもう持ってるよね．

　　　「ああ大丈夫そうだな．」

　　　「これたぶん，成立しそう．大丈夫だろ．」

っていう感じはこの具体例から来ますよね．

〈具体と抽象の間を往復する〉

　今後新しいことを勉強して「難しいな」と思っても，自分の手で具体例を作る．それをやってごらん．昨日どこかのクラスでは喋ったけど，改めて言いますと，数学という科目の特性としてですね，《具体的》なことと《抽象的》なことの間を頭が何度も何度も往復して考える．ちょっと絵に書いて見せることはできないけれど，《具体》と《抽象》の間を，頭がぐるぐるぐるぐる回る．

　そういうことをやる学問，高校生の科目だったら現代文，英語も一部あるだろうな．公民とかきっとそうだよね．でも「数学が最強」ですよ，その《具体》と《抽象》の間を行ったり来たりする思考方法を鍛えるのは．「数学」と「哲学」ですよね，具体と抽象を一番激しく往復する学問としてはね．

　そうやってまず抽象的なことが書いてある．そして，具体にいく．また抽象に戻ってくる．「どうしてかな？」って考える．こういうことをやっていく間に「そうか，ここでやった具体例を，もうちょっと上手に説明できれば，証明になるだろうな」ってなるわけですね．

　そうすると，今度はこの具体例を一般化する．

$$_pC_k = \frac{p!}{k!(p-k)!}$$

こうだよね．この割り算をしたときに「p が無傷」って話だったから，$p!$ を，$p \times (p-1)!$ って書きなおして，これ見よがしに p だけピカーっと光らせてみようか．

　先ほど，ピシピシピシピシッと約分をやっていったけど，要するにこれは分母と分子の間でなんか銃撃戦のようなことが起きてるんだよな．戦争映画みたいなもんだ．

　戦争映画って銃撃戦の場面があるけど，いつもヒーローは死なないんだよな．主人公は死なない．ちょっとかすり傷くらいは負うけども致命傷を負ったりしない．なんでだろう，と考えるとおそらく，あのような銃撃戦の中を死ななかったからヒーローになって映画化されるんだろう，というようなことが考えられるわけですけども．

　だからこれは「素数 p は，約分銃撃戦で傷を負わない」ということが言えればいいんだよね．そうすると，分母に並ぶ $k!(p-k)!$ は，さっき僕は k は素数 p より小さいといったので，k と p は互いに素．だから「分子の素数 p は，分母の $k!(p-k)!$ により約分されない」というのは，一つの説明としてはアリですね．これをもうちょっとよい説明にしていきたい．

　約分というのはあくまで具体例の話だから，分子の素数 p が約分されないというのはね……，あるいはこれ分野としては整数論なので，分数が「約分できる」とか「できない」とい

う言い回しは間違いじゃないけど，ちょっと子どもっぽいんだよ．なんか小学生みたいな感じする．「約分できる／できない」と表示しているとね．

　あと「分数と整数」って概念を，小学生は分けるよね．だけどこれって紛れもなく《有理数》なわけですよね．これが何か約分がどうのこうので，「分数でなくて整数になる」とかそういうような言い回し，わかるにはわかるのだが，分数と整数を分けるのって小学生には大きな意味があるけど高校生ぐらいになるとですね，あんまり意味ないの．

　大事なのは「有理数と，その一部である整数」であって，「整数を除外した分数」っていう言葉はですね，数学の議論の中ではあんまり見掛けないのね．だからそこら辺は「約分がどうのこうの」という話をすると，子どもっぽい．

　そこで，もうちょっといい形で書きましょうか．分母を払ってみます．

$$k!(p-k)!\,{}_pC_k = p(p-1)!$$

ここで p が素数．素数のことを prime number という．そうすると，ここには p より小さな階乗，だからここには p と互いに素な積が並んでいる．ならば，「${}_pC_k$ は，素数 p の倍数だ」ってこれ言えそうかな？

　（テキストに紹介している）全部の問題をこういう風に丁寧に取り上げることはできないんだけど，これだけは丁寧にやっているのは，非常に重要な命題で教科書に載っているものがここで使えるから．教科書に載っている大事な命題がここで使

われているからやるんですけど，どういうことかというとね，
君たち例えば，x, y が整数で，$\mathbb{Z}$ は整数の集合ね．

$x, y \in \mathbb{Z}$ とするとき，

$3x = 5y$ ならば，x は 5 の倍数である．

知ってるよね．知ってるとは思うんだけど．だって事実とし
て，そうだもんね．あれを覆すような反例は知らないし，無い
んですよ．これはいま考えている問題と同じ状況にあるのです
けれども，これを知っている皆さんの中でもやっぱり理解の
浅さ／深さというのが実際にはあるんですね．「自分の知って
る具体例はみんなあぁなっているから，そうなんでしょ」とい
う人も多いだろう．「これは根拠は□□である」とちゃんと
言えるかどうかですね．その根拠となる命題というのは，教
科書では，「a, b が互いに素で，積 bc が a の倍数である．
ならば……」こういう主張に，見覚えはないか？

> ［命題］互いに素な整数の性質
> 　　a, b が互いに素で，積 bc が a の倍数であるならば
> 　　c が a の倍数である．　（＊）

　この命題，ステートメントとしてちゃんと頭の中にあるか
な？　把握してるかな？
　これ後で確認してみてほしいけど，検定教科書にちゃんと書
いてあるよ．それから昨日やった幾つかの授業の中で「互除
法」のグループだったかな．プリントの 1 章にも，同じ命題
（＊）が書いてある．これ自体の証明はきりがないのでこの

辺で止めますけども，実は文部科学省の検定教科書，私はし
ばしばこれを『悪の教典』と呼ぶのですが，悪の教典はけし
からんのだよ．「互いに素」という項目が教科書の中にある
んだな．その項目の中に互いに素な整数について次のような
性質が……，『性質』って書いてある．

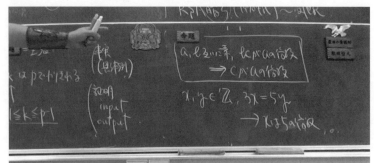

　先ほど僕は《命題》って言ってたんだけど，《性質》と貼り
替えた．これ，意味があるんだよ．命題っていうのは主張で
ある．数学の世界は，数学という学問は「根拠のない主張は
絶対認めないんだ！」という規範のもとで，ずっと二千年来
やってきたわけだ．教科書で《命題》と表示しないのはね，
表示しちゃっても，教科書に証明が載せられないんだよ．証明
が載ってもいないのに《命題》とかいうとさ，「お前，根拠
のないこと主張するな，このやろう！」と，こうなるわけで
すよね．
　そこでそういうとき，苦し紛れに教科書は互いに素な整数
には次のような《性質》がある，「natureがある」って言う
んですよ．実際そうだから．教科書を書いている人たちはです
ね，本当は証明を載せてあげたいんだけど，国との関係の

第5章　ＲＳＡ公開鍵暗号

「大人の事情」で，証明が書けないんだ．数学者の良心が泣いているんだ．

　どうしてかというとですね，プリントの方にもこれ（＊）が載っているけど，この事実を証明するのに「ユークリッドの互除法」がまずあって，そこから「整数論の基本定理」というのが出てきて，そこからこの命題に来るんです．

　ところが検定教科書はですね，ユークリッドの互除法から書き始めていないんだよね．「約数と倍数」という項目から始めて，互いに素，しばらくしてからユークリッドの互除法という順序になっているのです．教科書というのは学問的，論理的な順序とは組み替えて作られています．「分かりやすさ優先」ってことだね．高校生に使うもので，日本中の学校で使うから，数学的な美しさよりも分かりやすさを優先した方がよいという価値観で教科書は作られているので，これを説明するのに後から出てくるユークリッドの互除法で説明を書くわけにいかないという「大人の事情」がある．

　その順序を変えると教科書は検定を通らないから，教科書を書いている先生たちが「そんなのおかしい！」，「数学的に筋の通った教科書を俺たちは執筆するんだ！」とやるとですね，悪の帝国の悪代官サマ，検定官から
「なぬ，お前なんだと！」
「学習指導要領の順序通りいうこと聞け！」
「こらっ，国の言うこと聞け！」
と言われて，「すいません」ってなっちゃうわけですよね．そういう場所って教科書の中には実は何か所もあって，君たちが学んだ数学Ⅰ・Ａだったら例えば，相関係数ってやったよな．

215

「相関係数は –1 から 1 までの値をとるという《性質》がある
んだ！」

と書いてあるんだけど，いいか，「性質があるのだ」と言って
るときは「ごまかしてるな，こいつ」と，そう思って読むんだ
ぞ．数学Ⅲの教科書にも《性質》とかそういう記述がいくつか
ある．それは教科書の読み方としては大人の読み方．もし君た
ちがですね理系バリバリでいきたい，という，例えば数学系
とか情報系とか物理系とかの学科を目指す人ですね．そうい
う特に理系バリバリでいきたいという人は，やっぱりそれく
らいの教科書の読み方ができると強くなれると思いますよ．

　この命題（＊）があって，それを理解すると，$3x = 5y$ だっ
たら，3 と 5 は互いに素．$3x$ は 5 の倍数．整数 y が存在する
から．だからこの命題によって，x は 5 の倍数，こう言えて
る．

　そうすると元に戻ろう．ここでも同じことができるの，わか
る？

$$k!(p-k)! \, _pC_k = p(p-1)!$$

　左辺の $k!(p-k)!$ と $_pC_k$ の積は，p の倍数．p と $k!(p-k)!$
は互いに素．だから，$_pC_k$ は p の倍数．倒した．

　（ゴング）

　ちゃんと，この命題が使われていますよね．そんな風に（答
案を）書くことができると，これは大学受験生としては一流に
なれる．

第5章　ＲＳＡ公開鍵暗号

　これを読む方の大学の先生の立場としては何というか，やっぱり子供っぽいことが書いてあると，読むのが辛いんですよ．

$$k!(p-k)!\,{}_pC_k = p(p-1)!$$

　この命題（＊）を念頭に置いた形で，「左辺の積は p の倍数であり，かつ $k!(p-k)!$ の部分は p と互いに素，だから ${}_pC_k$ は p の倍数」と，このように書いてくれると，「この子はこの命題を念頭に置いて書いているんだな」ってことが伝わりますよね．だから安心して読めるんです．

　そういうようなことが一種の，何て言うのかな．武道で《型を見せる》ってあるでしょ．空手とかで．そういう《演武》みたいなもので型を見せる，証明っていうのは．

　あんまり独自の凄いアイデアを……，とかいうようなのは，《研究》する立場だったら新しい論文を書くという《クリエイティブな価値》というのがありますけど，大学受験の証明というのは，全く新規の発想でクリエイティブに……，なんてそんなことを2時間や3時間の試験で，できるわけないんだ．

　ちゃんと型を身に付けておく．互いに素を使った証明として教科書に載っているこの命題の型を身に付けて「よっしゃ，倒した！」とかって．そういう《型を身に付ける》ということをやっていこう．

〈フェルマー小定理〉

　じゃあ次の話に行きますよ．こういった定理からですね，次だ．［補題］というところを読んでください．

> ［補題］p を素数とするとき，任意の自然数 n について
>
> $$n^p \equiv n \pmod{p}$$

　こいつの証明は，プリントに書いてありますが，これは君たちが今後に勉強する，数学的帰納法（mathematical induction）という方法を使っていて，昨日のクラスのうちの一つではね，帰納法の話をしてるんですよ．ただ（他の）2クラスではしていなかったと思う．

　どういうことかというと，これが，for all n ，すべての自然数 n で成立するんだ，という主張なんですよね．$n=1$ のとき成立，$n=2$ でも成立，$n=3$ でも 4 でも 5 でも 6 でも 7 でも 8 でもずーっと成立するんだ，と主張している．このような《すべての自然数で成り立つ》という主張をどうやって証明するかという技術として《数学的帰納法》というものがあっ

て，これは学校の勉強では 2 年生のどこかでやることになる．いずれ論法として勉強するだろうから，今はこれを認めよう．

　ここで言っていることは，（ mod p ）で合同の定義は「両辺の差が p の倍数である」ということなんです．これは《定義》だよ．いいですか？

　いま話したことは定義．この合同の定義は，両辺の差が p の倍数であるっていうことを言ってる記号．これはもう君たち既に勉強しているのだから，定義は正確に覚えて，直ちに言えるという状況でいてください．

　そうするとね，いま証明はちょっと省略するけれども，

$$n^p \equiv n \pmod{p}$$

あるいは n でくくると

$$n\left(n^{p-1}-1\right) \text{ は，} p \text{ の倍数である}$$

という主張がある．次の段階ね．今度はフェルマーの小定理という．

［命題］フェルマーの小定理

　　n が素数 p の倍数でないとき，$n^{p-1} \equiv 1 \pmod{p}$

---

　n が素数 p の倍数でないというのは，そのまま直ちに n と p が互いに素と言い換えられます．n と p が互いに素であると

きには，何と言っているか．「 n^{p-1} は，$\mathrm{mod}\, p$ で 1 と合同である」と言っている．つまり何を言ってるかっていうと，$(n^{p-1}-1)$ が p の倍数なんだと言っている．どうだろう，繋がってくるかな？

　あっ，バリバリバリッ，と繋がってきたかな？
この命題，また使えてる．積が p の倍数で，積の一方が p と互いに素であるならば，括弧内が p の倍数でなければならない，必要だ，と言ってる．

　こういうことを論じていくには，やっぱり，このような《命題》のパッケージをちゃんと身に付けることが必要なんです．しかも，結果だけ暗記するのは，だめですよ．そんなんじゃ使えない．これ，検定教科書でもちゃんと載っていた．教科書に載ってることは漏らさず理解するつもりでやりましょう．

　こういうことはここで使われていくので，そうするといいですか，この命題がちゃんと頭の中に入ってないで，ボーっとしてる人が書いている証明って，読む相手からするとね，申し訳ないが「苦痛」なんですよ．例えば君たちさ，仮に弟とか妹で

第5章　ＲＳＡ公開鍵暗号

幼稚園とか小学校低学年の子がいてさ，なんかでっかい字で一生懸命字を書いててさ，読んであげたって，これ弟や妹だったらさ，ニコニコ「かわいいな」って読んでくれるよね．だけど高校生が書いてる数学の答案で，やっぱりこのような基本が備わってないものを読むとですね，基本的に知らない人なんだから，かわいいなってニコニコ読む世界じゃないんだよ．

　自分が担当してるクラスの子だったら，かわいいな，でももっと育ててやらなきゃな，と思って読むけど，大学入試ってそうじゃないからな．基本的には知らない人とのコミュニケーションが成立するように，数学の議論の様式を身に付けていくということを，2年あればできますから，それを心掛けてください．

　これによって出てきた結果が，《フェルマーの小定理》というのですが，小定理があるってことは《大定理》もある．大定理はね，昨日のピタゴラス数の3つ目のクラスのプリントの中に《フェルマーの最終定理》というのが書いてあります．これは数学界で三百年以上かけて解決した，大きい問題があったんですね．今日はちょっとそこには触れられないですけども．

　それに対してこちらの小定理（little theorem）というのは，まさにいま，この授業で，高校生が理解できる．頑張れば理解できる．

第5章　ＲＳＡ公開鍵暗号

〈オイラー関数〉

次ですね，これで小定理が分かったと．次にね，今度はオイラー関数．これは定義が書いてある．

> ［定義］（オイラー関数）
> 　正の整数 n に対し，1 以上 n 以下であって n と互いに素であるような整数の個数を $\varphi(n)$ で表す．

オイラー関数もですね，大学入試ぐらいになるとちょこちょこ取り上げられるのですが，これを全部やろうとすると結構時間かかる．本当はこの第 5 章だけで土日 2 日間集中講義ぐらいの時間が欲しいんだ，本当は．そういうのをここにザッと入れてあります．オイラー関数の性質をまた［命題 1］〜［命題 3］と並べてあります．これは，君たちがもし東北大学とか東京大学とか東京工業大学とか難関大学を目指すのだとしたら，高校 3 年生ぐらいになると面白くなってくる．読めるようになると思います．《公開鍵暗号系》って話があって，下の方にオイラーの定理とか書いてございます．この辺になってくるとですね……，フェルマーの小定理でいま，一応一通りは分かったって人どのくらいいる？
フェルマーの小定理が納得はいったという人？
やっぱり，一部だよね．全員ではない．だからこのフェルマーの小定理自体でいま「うっ，しんどい」という人はね，ちょっとこの先厳しいんだ，残念ながら．

第5章　ＲＳＡ公開鍵暗号

　だから数学の授業としてガツガツやるのはここで止めて，社会的にどういう重要性があるのか？　という話を残り時間でやろうと思う．社会的な話．もしいま，フェルマーの小定理が，ここまでついて来たぞ，面白い，続き知りたい，喉が渇いてる，もっと知りたい，飲みたいみたいな人がいる？
おお，いいね，手が挙がると．
そういう人は，読めば分かるように書いてあるから，あとはお楽しみください．

〈古典暗号と公開鍵暗号〉

　ここからはね，公開鍵暗号とか社会的な話をします．つまり「社会的なことに数学が生きている」という一つの例ですね，お話をします．
　まず，《古典暗号》としばしば言われるんですけども，何らかの秘密の通信をしたい，スパイ小説の世界とかですね．古典暗号というのは，実際に戦争の時には使っていた．例えば太平洋戦争の時も東京の軍の中心部とアメリカにある日本大使館．当然，日本の軍事情報が暗号化されてやり取りされてたわけですよ．でもがっつり解読されていて作戦はかなり読まれていたというようなことが，歴史の本には書いてあるようです．太平洋戦争中とかもっと昔も含めて，古典暗号って何をやっていたのか．
　送信する人がいて，ある x というメッセージや数字……メッセージ，文章は数で表されます．君たち例えば e メールとかチャットとか，ＳＮＳとかでやってるあの文字も画面上では

第5章　RSA公開鍵暗号

日本語の文字，片仮名や平仮名，あるいはアルファベットで表示されていますが，通信回線上は別に文字が「あー」とか「こんにちは」とかで回線上を流れているわけじゃなくて，全部 0,1 の 2 進法コードになって，バイナリーコードって言うんだけど，バイナリーコードとして流れているわけですよ．

　だから基本的には暗号は何らかの 2 進法の数字だと考えてよいでしょう．それをそのまま送ろうとすると途中で盗聴される．悪いやつがいるので，まずいからどうするか．一旦，暗号化する．何らかの関数 f で暗号化します．違う数字に変えちゃいます．《暗号化》（encode）というプロセスがあって，暗号文 $f(x)$ のことを y としましょう．y を送ると，例えばですよ，送ろうとしているメッセージがね「愛してるよ」って送っていたとしよう．でもそれを暗号化して「パペプピポ」とかに姿を変えているわけですよ．「パペプピポ」は盗聴して読んでも分からないわけですよ．

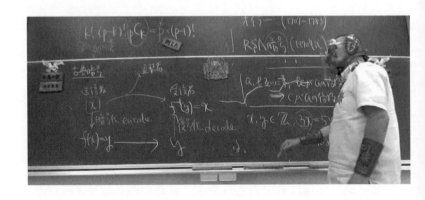

第5章　ＲＳＡ公開鍵暗号

　でも受け取った「パペプピポ」を，元の「愛してるよ」に戻すプロセスっていうのがあって，どうするかというと，数学的には逆関数というのを使って x に戻す．この辺の逆関数とかそういった概念はそのテキストの後ろの方の長い文章をもし読んでくれればもうちょっと丁寧に書いてございます．元に戻すのを《復号化》（decode）プロセスと言います．

　そうすると通常，古典的な暗号というのは必ず送る方と受け取る方が，両方とも同じ「合鍵」を持っていて，情報に鍵を掛けて，また鍵で外して，という感じで情報を，暗号化して復号化するという《鍵》に当たるものを必要とするわけですね．それには古典暗号，ずっと大昔の暗号から太平洋戦争後の暗号にまで，いろいろな鍵があったようです．

　ここで大事なことはね，古典暗号は送る人と受ける人が《あらかじめ鍵を共有しておくこと》が必要ですよね．だから，君と「暗号通信やろうな」と言って，「これで鍵掛けるからこれで開けろよ」って言って，あらかじめ鍵を共有していないとダメですよね．

　ということは，今のような例えば Amazon とか楽天とかで，初対面のネットショッピングって，あらかじめ鍵を共有する古典暗号では成立し得ないですよね．

　今度は，これに対してね，《公開鍵暗号》というのが出てきました．それが出てきたのは，あとで勉強してみたら僕が高校生ぐらいの頃に出てきたらしいですが，当然僕が高校生の頃は，そんなこと知らないです．大学を卒業して教え始めたぐらいの頃，「え，そんなすげーのがあるんだ」って後から勉強して知りました．

第5章　RSA公開鍵暗号

　この公開鍵暗号って何が起こるかというと，元々の x に対してね，受ける人と送る人がいるとね，受ける人はね，「私宛には，送りたい内容を表す平文 x を $x^s \equiv y \pmod{n}$ で暗号文 y に替えて（暗号化して）送ってね」と．これをパブリックに，ネット上に誰にも見える状況にしておく．いいですか，何か「愛してるよ」と x を送ろうと思ったら，x を s 乗して n で割った余りを計算すると「パペプピポ」に変わるわけですよ．暗号文に変わる．

　つまりこれは暗号化の鍵として s 乗と，異なる素数 p, q の積 $n(= pq)$ を公開しております．それによって y に encode されたものが，「パペプピポ」が送られます．

　次は，受け取った本人が元に戻さないといけない．元に戻すときはね，今度 $y^t \equiv x \pmod{n}$ で，受け取った y を t 乗して n で割った余りを計算する．すると，ちゃんと x に戻るんですよ．y から x に decode されるわけ．

　そうするとですね，この t 乗っていうのは秘密にしておかないと誰でも読めちゃうんですよ．それからね，p と q が異なる素数で，この素数 p, q もですね，秘密鍵．s と n が公開鍵．そういう仕掛けで成立しているんですよ．

　つまり私宛てには $x^s \equiv y \pmod{n}$ っていう暗号化するための式を公開している．受け取ったときに decode するには，鍵を外して戻すときには，t 乗が秘密である必要があるのと，実

は素数 p, q が秘密である必要があるんですね．どうしてそれ
で戻るのか，っていうことはね，もし興味があればプリント
を読めば分かるようには書いてある．

　僕の言う「読めば分かるように」っていうのは，「ちゃん
と数学として勉強するつもりで読んでくれれば分かる」という
意味で言っています．でもそうするとさ，ちょっと聞いてたら
「あれ，おかしいな」，「だって n が公開されて p, q が秘
密って何バカなこと言ってんだ」って感づいた？

　それは筋がいいよね．おかしいじゃないかと．p, q 秘密で
n が公開，そしたら素因数分解したら p, q が分かっちゃう
じゃないか．ちなみに暗号を破る方は何をやるかというと，
公開されている n と s を見て，n を素因数分解して p, q を素
因数分解できると，そこから t を計算できちゃうんです．とい
うことは「n から p, q への素因数分解ができれば暗号は破れ
る」ということなんですよね．

　そもそもこれね，この事実そのものは「オイラーの定理」
から来るんですね．だから一応，数学の順序としては，今日は
フェルマー小定理まで何とかやったじゃないですか．フェル

第5章　RSA公開鍵暗号

マー小定理から次，プリントを読むとオイラーの定理にいけるんです，頑張ると．フェルマーからオイラーまで，だいたい1世紀の開きがあるんです．今度オイラーからRSAに来るんです．オイラーの定理を理解していると，この部分を数学的な仕掛けに組み込んだら，「確かにそうだ」と，頑張って読めば分かるようにプリントはできています．

　でもおかしいよ，だって n を p, q に素因数分解するって「できるじゃないか」と．現実にはどうなっているかというと，今はね，p と q がね 200 桁ぐらいだってさ，十進法で．十進法で 200 桁ぐらいの素数 p と q の積が 400 桁ぐらいになるよね．だから n として十進法で 400 桁ぐらいの数が公開されていて，それが素数の積であることは分かっているのだが，それを素数 p と q の積に素因数分解することが現実的に非常に難しい．

　そういうことで安全性が保たれていて，数学的な仕組みは18世紀のオイラーの定理から来てるから君たちも頑張れば理解できる．数学の性質としてね．あとは実際の安全性というのは，現在のコンピュータ技術で 400 桁を 200 桁×200 桁に分割することが難しいから安全だ，という状況なので，コンピュータの性能が上がったら桁を増やすわけですね．

　だからこの公開鍵をやっているRSAという会社の金庫にはね，巨大な素数のリストが金庫に厳重に保管されているのだそうですよ．つまり「素数が財産的価値を持っている」ということだな．そういうことなんだ．

第5章　ＲＳＡ公開鍵暗号

だから今後は銀行強盗とかじゃなくて，スパイ映画とかで「素数強盗」とかが出てくるかもしれないわけだよね．あとは量子コンピュータとか破壊的にすごいのが出てくると，この辺どうなっちゃんだろう……という心配はあるみたいですね．僕もそれでどうなっちゃうのか分からないのだけど，量子コンピュータってすげえらしいから，それが実用化されちゃうとこの辺のＲＳＡの仕組みがひょっとしたら崩壊するかもしれない．でも情報科学者たちがそこを守る方法を，また新しく考えてくれているのかもしれない．ちょっとそこまでは僕は分かりませんけどね．そういうことがあるようです．

これ，古典暗号との違いっていうのはさ，社会的インパクトがすごいの分かる？

鍵をですね，公開する部分と秘密の部分に鍵を分ける．例えて言うと「鍵を半分だけ世界中に見せてやる」と，会ったことのない人たちがみんなその人に暗号文を送ることができちゃうってことですよ．つまり，初対面の商取引が可能になるということですよ，社会的にはね．

あとはさっき言った印鑑証明とかそういう，これをもっと応用していくとね，今度は本人確認とか，いろんなことがさらにできるようになる．電子マネーとか，ビットコインみたいなこともできるようになる．その辺のある程度のことは書いてあるのでもし興味があれば見てみてください．

今日のこの話っていうのはですね，この話のよく知られている教訓としては，ある基礎研究が200 〜 300 年経ってから社会を変えるというような事例があるということです．

第5章　ＲＳＡ公開鍵暗号

　17世紀，18世紀の数学が今の21世紀の世界のセキュリ
ティを担保している．携帯電話とかも暗号がないと携帯電話会
社なんか危なくて経営できないですよ．偽の端末でいっぱい電
話かけまくられて，全部踏み倒されるとか，そういう危険もあ
るわけだから，当然いろいろな携帯電話とか iPhone とか
ね，スマホとかの類もこの手の暗号化技術がないと産業として
成立し得ない，というくらいの社会的インパクトがある．

　その基礎は17世紀，18世紀にあった．ということでね，今
後もだから19世紀のことを使って何か21世紀の後半に凄いこ
とが起こるかもしれないし，分からないですよ．何が起こるか
ね．そういうことを理解している人は，「基礎研究が大切だ」
というようなことを言ったりしております．

第5章　ＲＳＡ公開鍵暗号

　はい，ということでもう時間も来てしまいました．昨日〜今日と2日間にわたって大変に充実した時間を，私としては過ごすことができました．講義で伝えた個々の事実，定理ということも数学の勉強としてやったけど，君たちに受け取って欲しいことというのは「数学を学ぶってこういうことをやるんだ」という核の部分だ．もちろん，計算力を鍛えるとか，試験のための勉強とか，いろいろなことがあるんですけれども，「数学の学力をちゃんと上げていく」ことですよ．

　将来進学して社会に出たときに，「理数系の教養・リテラシーが身に付いている」といえる状況を作っておきたいですよね．そういう状況を作っていくには，どのように数学と向き合ったらよいのかということを，僕としてはお話しているつもりなので，それを受け取ってくれると嬉しく思っております．

　お疲れさまでした．またお会いしましょう．ありがとうございました．（拍手）

第5章　ＲＳＡ公開鍵暗号

　必要となる基礎知識として「フェルマー小定理」〜「オイラーの定理」を取り上げます.

> ［補題］k を素数 p より小さい正整数とするとき,
>
> 　$_p\mathrm{C}_k$ は p で割り切れる.

（証明）p が素数で $0 < k < p$ のとき；$_p\mathrm{C}_k = \dfrac{p!}{k!(p-k)!}$ より,

　　$k!(p-k)!\,_p\mathrm{C}_k = p \cdot (p-1)!$ である. 右辺は p の倍数である

　　一方, $k!(p-k)!$ は素数 p より小さな整数の積なので p

　　と互いに素である. よって, $_p\mathrm{C}_k$ は p で割り切れる.

> ［補題］p を素数とするとき, 任意の自然数 n について
>
> 　$n^p \equiv n \pmod{p}$

（証明）n に関する帰納法で示す.

　　$n=1$ のとき, $1^{p-1} \equiv 1 \pmod{p}$ である.

　　ある n で $n^p \equiv n \pmod{p}$ を仮定すると, $n+1$ のとき,

　　$(n+1)^p = n^p + {}_nC_1 n^{p-1} + \cdots + {}_nC_{n-1} n^1 + 1$

　　　　　　$\equiv n^p + 1 \equiv n+1 \pmod{p}$

　　よって, $n+1$ でも成り立つ.

第5章　RSA公開鍵暗号

> [命題] フェルマーの小定理
>
> n が素数 p の倍数でないとき，$n^{p-1} \equiv 1 \pmod{p}$

(証明) $n^p - n = n(n^{p-1} - 1)$ が素数 p の倍数で，かつ n と p が

互いに素なので，$n^{p-1} - 1$ は p の倍数である．　(倒した)

　次に「オイラー関数」を紹介します．その定義は次のような
ものです．

> [定義]　(オイラー関数)
>
> 正の整数 n に対し，1 以上 n 以下であって n と
> 互いに素であるような整数の個数を $\varphi(n)$ で表す．

　オイラー関数の定義と簡単な計算から，p, q, r を異なる素
数とするとき，

$$\varphi(p) = p-1, \quad \varphi(pq) = (p-1)(q-1),$$

$$\varphi(pqr) = (p-1)(q-1)(r-1)$$

であることが確認できます．一般に次の命題が成り立ちます．

> [命題1] 素数 p と自然数 a に対して，
>
> $$\varphi(p^a) = p^a - p^{a-1} = p^a\left(1 - \frac{1}{p}\right)$$

> ［命題 2 ］ a と b が互いに素な 2 以上の自然数ならば,
>
> $$\varphi(ab) = \varphi(a)\varphi(b) \quad (オイラー関数の乗法性)$$

（証明）　a,b,c を自然数とするとき，次の命題が成り立つ.

「c と ab が互いに素

　$\Leftrightarrow$ c と a が互いに素かつ c と b が互いに素」

ここから，$\varphi(ab)$ は，ab 以下の自然数のうち，a と互いに素かつ b と互いに素な自然数の個数に等しい.

さらに k,m,b を自然数とするとき，次の命題が成り立つ.

「$k+mb$ と b が互いに素 $\Leftrightarrow$ k と b が互いに素」

ここから，下の表中の数（ ab 以下の自然数）で，b と互いに素な数は b と互いに素な k に対して，k を含む縦の列の数のすべてに限る.

このような列はちょうど $\varphi(b)$ 個ある.

1	2	$\cdots$	k	$\cdots$	$b-2$	$b-1$	b
$1+b$	$2+b$	$\cdots$	$k+b$	$\cdots$	$(b-2)+b$	$(b-1)+b$	$2b$
$1+2b$	$2+2b$	$\cdots$	$k+2b$	$\cdots$	$(b-2)+2b$	$(b-1)+2b$	$3b$
$\cdots$	$\cdots$	$\cdots$	$\cdots$	$\cdots$	$\cdots$	$\cdots$	$\cdots$
$1+(a-1)b$	$2+(a-1)b$	$\cdots$	$k+(a-1)b$	$\cdots$	$(b-2)+(a-1)b$	$(b-1)+(a-1)b$	ab

a と b が互いに素であることから，任意の自然数 k を固定するごとに，k ，$k+b$ ，$k+2b$ ，$\cdots\cdots$ ，$k+(a-1)b$ の a 個

の数を a で割った余りは，すべて異なり，（順序を無視して）０から $a-1$ までの数がすべて１個ずつ現れる．すなわち，表の各列の中には a と互いに素な数がちょうど $\varphi(a)$ 個だけある．よって，表中の数で，b と互いに素かつ a と互いに素な数は $\varphi(a)\varphi(b)$ 個ある．ゆえに $\varphi(ab)=\varphi(a)\varphi(b)$ となる．

［命題 3］ 2 以上の自然数 $n = p_1^{a_1} p_2^{a_2} \cdots p_k^{a_k}$

$(p_1, p_2, \cdots, p_k$ は異なる素数，$a_1, a_2, \cdots, a_k$ は自然数) に対して，

$$\varphi(n) = n\left(1-\frac{1}{p_1}\right)\left(1-\frac{1}{p_2}\right)\cdots\cdots\left(1-\frac{1}{p_k}\right)$$

（証明） ［命題 2］を繰り返し用いることにより，

$$\varphi(n) = f(p_1^{a_1}) f(p_2^{a_2}) \cdots\cdots f(p_k^{a_k})$$

さらに［命題 1］から

$$\varphi(n) = p^{a_1}\left(1-\frac{1}{p_1}\right) \cdot q^{a_2}\left(1-\frac{1}{p_2}\right) \cdots\cdots r^{a_k}\left(1-\frac{1}{p_k}\right)$$

$$= n\left(1-\frac{1}{p_1}\right)\left(1-\frac{1}{p_2}\right)\cdots\cdots\left(1-\frac{1}{p_k}\right)$$

第5章　RSA公開鍵暗号

[技術] 公開鍵暗号系

　素因数分解は，桁数の増加に伴い，急激に困難になる．
この性質を利用した暗号システムが実用されている．

> 公開鍵 …… 正整数 n, s
>
> 秘密鍵 …… 素数 p, q と正整数 t
>
> 暗号化 …… $y \equiv x^s \pmod{n}$
>
> 復号化 …… $x \equiv y^t \pmod{n}$
>
> 鍵相互の関係
>
> $n = pq$
>
> $\gcd\left(s, (p-1)(q-1)\right) = 1$
>
> $st \equiv 1 \pmod{(p-1)(q-1)}$

[定理] フェルマーの小定理

　素数 p と互いに素である a につき，$a^{p-1} \equiv 1 \pmod{p}$

（a が素数 p で割り切れないとき，a^{p-1} を p で割った
余りは1である）

[定理] オイラーの定理

　素数 p, q の積 n に対し，a と n が互いに素であるならば

　$a^{(p-1)(q-1)} \equiv 1 \pmod{n}$

（証明）フェルマーの小定理 $a^{p-1} \equiv 1 \pmod{p}$ より

$$a^{(p-1)(q-1)} \equiv 1^{q-1} \equiv 1 \pmod{p}$$

p, q を交換しても同様だから，$a^{(q-1)(p-1)} \equiv 1 \pmod{q}$

すなわち，$a^{(p-1)(q-1)} - 1$ は p, q の公倍数となるので，

$$a^{(p-1)(q-1)} - 1 \equiv 0 \pmod{pq} \rightleftarrows a^{(p-1)(q-1)} \equiv 1 \pmod{n}$$

［命題］オイラーの定理（一般形）

　　m を正整数，a を m とが互いに素な整数とするとき，

　　$$a^{\varphi(m)} \equiv 1 \pmod{m}$$

［定理］RSA暗号

　　p, q は素数で $n = pq$．s, t はそれぞれ

　　$$\gcd\big(s, (p-1)(q-1)\big) = 1, \ st \equiv 1 \big(\mathrm{mod}(p-1)(q-1)\big)$$

　　をみたす数とするとき，

　　$$x^s \equiv y \pmod{n} \quad ならば \quad y^t \equiv x \pmod{n}$$

（証明）　まず，$st \equiv 1 \big(\mathrm{mod}(p-1)(q-1)\big)$ より，整数 k を用いて

$st = k(p-1)(q-1) + 1$ と表すことができる．

以下，x が素数 p, q と互いに素であるかどうかに

より分類する．

第5章　ＲＳＡ公開鍵暗号

（ⅰ）　x が p, q のいずれとも互いに素であるとき ;

$$\rightleftarrows \gcd(x, pq) = \gcd(x, n) = 1 \text{ のとき}$$

オイラーの定理から，$x^{(p-1)(q-1)} \equiv 1 \pmod{n}$

よって，$x^{st-1} \equiv x^{k(p-1)(q-1)} \equiv \left\{ x^{(p-1)(q-1)} \right\}^k \equiv 1^k \equiv 1 \pmod{n}$

両辺を x 倍して，$x^{st} \equiv x \pmod{n}$

次に，$y \equiv x^s \pmod{n}$ なので，$y^t \equiv x^{st} \equiv x \pmod{n}$

（ⅱ）　x が p, q の一方のみと互いに素であるとき ;

　たとえば x が p で割り切れて q で割り切れない

 とき，フェルマーの小定理から

$$x^{q-1} \equiv 1 \pmod{q}$$

$$x^{(p-1)(q-1)} \equiv 1^{p-1} \equiv 1 \pmod{q}$$

$$\therefore x^{k(p-1)(q-1)} \equiv 1^k \equiv 1 \pmod{q}$$

$$\therefore x^{st-1} \equiv 1 \pmod{q}$$

$$\therefore x^{st} \equiv x \pmod{q}$$

$x^{st} - x$ は q の倍数であるが，p の倍数でもあるから

$$x^{st} - x \equiv 0 \pmod{pq} \rightleftarrows x^{st} \equiv x \pmod{n}$$

以下（ⅰ）と同様で，$y \equiv x^s \pmod{n}$ より，

$y^t \equiv x^{st} \equiv x \pmod{n}$

　逆に，x が q で割り切れて p で割り切れないときも同

様.

(iii)　x が p, q のいずれとも互いに素でないとき；

$$\rightleftarrows \quad x \text{ が } pq \text{ の倍数のとき}$$

ただちに，$x^{st} \equiv x \,(\mathrm{mod}\, pq)$ が得られるから，

$$y^t \equiv x^{st} \equiv x \quad (\mathrm{mod}\, n)$$

以上(i)〜(iii)より，いずれの場合でも $y^t \equiv x \,(\mathrm{mod}\, n)$

［証明終］

ジャーマン・スープレックス

第5章　ＲＳＡ公開鍵暗号

　以下の文章は，1990年代後半に書き下ろしたものである．時代の変遷を経て，古くなった語彙などが一部に含まれているが，オリジナルのまま掲載する．

［A］　公開鍵による暗号通信

　現代において，多くの情報がネットワーク（電話回線や衛星通信などの通信網を指す）を介してやりとりされている．インターネットをはじめとするパソコン通信，携帯電話などの普及によって，私たちの身の周りのコミュニケーションの形態は急激に変化しつつある．さて，以上のような遠隔地の間での情報通信には常に盗聴・情報の改竄・他人へのなりすまし等の危険が潜んでおり，大きなトラブルを生む可能性がある．ネットワーク社会をこのような悪意から守り，目の前にいない相手との間で信頼を保ちつつコミュニケーションをとるための技術が，研究者や技術者達の手によって開発されている．その一つとして，「暗号通信」の数理的構造について調べてみることにしよう．

　暗号通信においては，「アルゴリズム」と「鍵」が必要となる．送信者Aが受信者Bに対してメッセージ x をネットワーク上で送信するという状況を考える．ここで，x とは，意味のある文章を定められた方法によって正の整数値に変換したものを指す．コンピュータを用いたデータ通信では，x は2進法で表された1と0からなる文字列となる．

第5章　RSA公開鍵暗号

　メッセージ x をそのままネットワークにのせると，悪意の盗聴者が間に入って，x を盗んだり，場合によっては偽のメッセージx'をBに対して送ることすら考えられる．そこで，送信者Aはある手順にしたがってx を「暗号化したメッセージ $f(x)$」に変換して送信する．ここでの記号 f は「暗号化の関数」，$f(x)$ は「暗号化されたメッセージ」と考えればよい．以下では x を「平文」，$f(x)$ を「暗号文」と呼ぶことにする．受信者は受け取った暗号文に対して逆関数 f^{-1} を作用させると $f^{-1}(f(x))=x$ すなわち平文が現れ，安全にメッセージを受け取ることができるのである．通信の安全性を保つためには，当然 f と f^{-1} は極秘に管理されなければならない．一般に関数 f が与えられると逆関数 f^{-1} は簡単に計算できてしまうので，f と f^{-1} とは表裏一体のものである．

　以上が従来の暗号通信の基本的な形態であるが，実際には管理・運用上の問題点が生ずる．暗号を生成し解く「鍵」となる f と f^{-1} を 2 人の人物 A, B が第三者 C に対して秘密裏に共有しなければならないので，A と C の間で暗号通信を行うためには，別の「鍵」g と g^{-1} を共有する必要がある．つまり，A は暗号通信をする相手の数だけ鍵を保管・管理しなければならない．また，暗号通信に先立って A から B（あるいは C）へ「鍵」を安全に配送すること自体が難しい場合もある（軍事目的の暗号通信を考えればよい）．

第5章　RSA公開鍵暗号

　その問題点を克服するため，1970 年代に「公開鍵による暗号通信」の概念が発明・提唱された．それは，次のような仕組みである．A 氏が暗号の鍵を f_A と f_A^{-1} に分割し，f_A^{-1} を極秘にしつつ f_A を一般公開する．通常 f_A を知れば f_A^{-1} を簡単に求められるのだが，ここでは f_A を知っても f_A^{-1} を求めることがほとんど不可能といえる数学的マジックがある．その原理については後に考察する．

　B 氏もまた，暗号の鍵を f_B と f_B^{-1} に分割し，f_B^{-1} を極秘にしつつ f_B を一般公開する．各人が一般公開する鍵のリストを「公開鍵暗号通信電話帳」として出版・流通させる．

　A 氏が B 氏にメッセージ x を送信するにあたり，「公開鍵暗号通信電話帳」で B 氏の公開鍵 f_B を調べ，$f_B(x)$ に変換してから送信する．ネットワーク上で不正に $f_B(x)$ を盗聴・入手する者がいても，x を計算して求めることはできない．正規に受信した B 氏のみが極秘の復号鍵 f_B^{-1} を用いて x を計算することができる．この方法によって情報の秘匿性を保つことができる．しかし，これだけでは悪意の A' が A 氏を装って B 氏に対して偽のメッセージを送信することも可能である．そこで，A 氏は「送信したメッセージはまさしく自分が送ったものである」という情報の真正性を証明するために，A 氏は自分の署名 s_A を添付して送信することができる．まず，A 氏は $f_A^{-1}(s_A)$ を計算し，さらに f_B を用いて $f_B\big(f_A^{-1}(s_A)\big)$ を計算し，

その結果をネットワーク上で送信する．受信した B 氏は$_{(1)}$ <u>ある計算をすることによって</u>，$_{(2)}$ <u>受信したメッセージが正に A 氏が送信したものであると判断する</u>ことができるのである．

問1　下線部(1)について，B 氏がどのような計算をすればよいか，説明せよ．さらに，下線部(2)について，B 氏の判断の根拠を述べよ．

　また，A 氏が自分の署名 s_A に対して公的機関による認証（役所による印鑑証明のようなものと考えればよい）を付与することができる．公的機関（仮に「電子署名認証センター」と呼ぶことにしよう）は，暗号化の鍵 f_C を一般公開する．（当然，復号鍵 f_C^{-1} は極秘である）

　まず，A 氏は署名 s_A を「電子署名認証センター」に送信し，登録する．「電子署名認証センター」は A 氏の身元確認を行なった後に，登録完了の証として A 氏に対して $f_C^{-1}(s_A)$ を返送する．A 氏は$_{(3)}$ <u>$f_C^{-1}(s_A)$ にある計算を施したもの</u>を B 氏に送信し，B 氏は$_{(4)}$ <u>受信文に対してある計算を施す</u>ことによって，$_{(5)}$ <u>受信した A 氏の署名が「電子署名認証センター」の認証を得たものであると判断する</u>ことができるのである．

問2　下線部(3)について，A 氏がどのような計算をすればよいか，説明せよ．

問3　下線部(4)について，Ｂ氏がどのような計算をすればよい
　　か，説明せよ．さらに，下線部(5)について，Ｂ氏の判断
　　の根拠を述べよ．

　公開鍵暗号方式は以上に述べたような2つの機能（秘匿と
認証）をもつ．ある個人が秘密鍵と公開鍵という2種類の鍵
を所持し，それらを次のように使い分ける．

　　（ⅰ）秘匿に利用する場合には，どの相手にも公開鍵で暗
　　　　号化させ，受信した暗号文を自分だけがもつ秘密鍵で
　　　　復号する．

　　（ⅱ）認証に利用する場合には，まず＿＿＿＿＿（ア）＿＿＿＿＿
　　　　し，どの相手にも＿＿＿＿＿＿（イ）＿＿＿＿＿＿．

問4　下線部 (ア), (イ) を適切なことばで埋めよ．

　それでは，これから「f_A を知っても f_A^{-1} を求めることがほ
とんど不可能といえる数学的マジック」について考えていくこ
とにする．

[Ｂ]　「整数の合同式」と「フェルマーの小定理」

まず，「整数の合同」という概念を確認する．

定義：整数 a, b, m について，

$a - b$ が m の倍数であるとき，

$$a \equiv b \pmod{m}$$

と書いて「a と b は m を法として合同である」という．

この定義に基づいて，以下の性質が証明できる．

定理：　$a \equiv b \pmod{m}$，$c \equiv d \pmod{m}$

のとき以下が成り立つ．

1°　$a + c \equiv b + d \pmod{m}$

2°　$a - c \equiv b - d \pmod{m}$

3°　$ka \equiv kb \pmod{m}$　　　$(k \in \mathbb{Z})$

4°　$ac \equiv bd \pmod{m}$

5°　$a^k \equiv b^k \pmod{m}$　　　$(k = 1, 2, 3, \cdots\cdots)$

問5　上記の定理 3°, 4°, 5° を証明せよ．必ず，文中に記された「定義」を用いること．

次に，

> 命題：x が整数，p が素数のとき
>
> $$(1+x)^p \equiv 1+x^p \pmod{p} \quad \cdots\cdots①$$

を示してみよう．ここで

> 命題：${}_pC_1$，${}_pC_2$，$\cdots\cdots$，${}_pC_{p-1}$
>
> たちはすべて p の倍数である　$\cdots\cdots②$

を用いて①を示すことができる．

問6　②を証明せよ．

問7　②を利用して①を証明せよ．

問8　①を利用して次の命題③を証明せよ．

> 命題：p が素数のとき，すべての正整数 a について
> $$a^p \equiv a \pmod{p}$$
> が成り立つ　$\cdots\cdots③$

問9　③を利用して次の命題④を証明せよ．

> 命題：p が素数のとき，p と互いに素な正整数 a に
>
> ついて $a^{p-1} \equiv 1 \pmod{p}$ が成り立つ　$\cdots\cdots④$

④を「フェルマー（Fermat）の小定理」という．

第5章　ＲＳＡ公開鍵暗号

[C]　　ＲＳＡ公開鍵暗号

ＲＳＡとは，その発明者 3 名のリヴェスト，シャミア，アドルマン（Rivest , Shamir , Adleman ）の頭文字を連ねたものである．彼らが考案した「f_A を知っても f_A^{-1} を求めることがほとんど不可能といえる数学的マジック」である「ＲＳＡ公開鍵暗号」の数理的構造を調べてみよう．

まず，「ほとんど不可能」という言葉の意味について誤解のないように確認をする必要がある．正確にいうと，「f_A から f_A^{-1} を求める数学的構造は完全に解明されているが，その計算を現実的な時間と費用で実行するコンピュータが現在は存在しない」という意味である．その具体的な算法は「素因数分解」である．

2 つの素数 p,q の積 pq が与えられたとき，r から p と q を割り出すことは（ある程度の桁数までの範囲ならば）コンピュータを使えば容易である．例えば，PC上でも

$$6887 = 71 \times 97$$

$$5464005660097381 = 78332173 \times 69754297$$

程度ならほどなくで計算できる．ところが，p と q がそれぞれ 80 桁程度の素数で，r が 160 桁程度の合成数の場合，これを効率よく素因数分解することは現在のコンピュータ技術ではほとんど不可能とされている．

第5章　ＲＳＡ公開鍵暗号

そこで，合成数 r を公開鍵 f_A に用い，極秘の素数 p,q を秘密鍵 f_A^{-1} に利用することで，暗号通信の安全性を確保するのである．より具体的には，次のような算法を用いる．

(1) 暗号化

受信者 A は適当な指数 s を定め，指数 s と合成数 r とを暗号化の鍵として公開する（素因数 p,q は極秘にしなくてはならない）．

送信者は平文 x を s 乗し，r で割った余り $y = f_A(x)$ を暗号文とする．つまり，

$$x^s \equiv y \pmod{r}$$

(2) 復号化

正規の受信者 A は暗号文 y を受信すると，これを秘密鍵 t を用いて復号する．極秘の素数 p,q を知られると，t を計算することができてしまう．したがって，p,q,t が A の秘密の数字である．A は，y を t 乗し，r で割った余りを計算すると，平文 $x = f_A^{-1}(y)$ を得られるのである．つまり，

$$y^t \equiv x \pmod{r}$$

では，具体的な数値を用いて確かめてみよう．r が160 桁程度というのが現在実用されている合成数の大きさであるが，これではコンピュータがなければ扱えない．もっと小さな値を用いることとする．

第5章　RSA公開鍵暗号

A 氏は，指数 $s = 5$ と合成数 $r = 221$ を公開している．

例えば，平文が 1 から 5 までの値のときの暗号文 $y = f_A(x)$ を

$$x^5 \equiv y \pmod{221}$$

によって計算すると，次のようになる．

$$f_A(1) = 1 \text{, } f_A(2) = 32 \text{, } f_A(3) = 22 \text{, } f_A(4) = 140 \text{, } f_A(5) = 31$$

A 氏の秘密鍵（のひとつ）は $t = 77$ である．A 氏は，

$$y^{77} \equiv x \pmod{221} \quad \cdots\cdots ⑤$$

によって平文 $x = f_A^{-1}(y)$ を得ることができる．実際，

$$f_A^{-1}(1) = 1 \text{, } f_A^{-1}(32) = 2 \text{, } f_A^{-1}(22) = 3 \text{, } f_A^{-1}(140) = 4 \text{, } f_A^{-1}(31) = 5$$

となっている．

問10　$r = 221$ を素因数分解せよ．さらに，「これらの素数の
　　　どちらよりも小さな，任意の正整数 x 」に対して⑤が成
　　　り立つことを証明せよ．ただし，［B］において考えた
　　　「合同式の諸性質」「フェルマーの小定理」を（問5か
　　　ら問9までが証明できていなくても）用いてよい．

問11　B 氏は指数 $s = 7$ と合成数 $r = 7471$ を公開している．

$$7471 = 31 \times 241$$

　　　を既知として，B 氏の秘密鍵を一つ求めよ．

第5章　ＲＳＡ公開鍵暗号

　このようにして考えてきた「公開鍵暗号」システムは，現在ではインターネット，携帯電話などの技術として実用されている．将来は，電子マネー（digital cash）システムなどの技術として結実し，金融形態に革命を起こす可能性がある．他にも，選挙における電子投票など，多くの利用形態が提案されている．

（講師による書き下ろし問題）

解　答　例

問1　(1)　受信した $f_B\!\left(f_A^{-1}(s_A)\right)$ に対して，まず f_B^{-1} を施し，次に f_A を施すと，

$$f_A \circ f_B^{-1} \circ f_B\!\left(f_A^{-1}(s_A)\right) = f_A \circ \left(f_B^{-1} \circ f_B\right) \circ f_A^{-1}(s_A)$$
$$= f_A \circ f_A^{-1}(s_A) = s_A$$

となる．

(2)　受信文 $f_B\!\left(f_A^{-1}(s_A)\right)$ を作れる人物は極秘の f_A^{-1} を知るＡ氏以外にはいないから．

問2　$f_C^{-1}(s_A)$ に f_A^{-1} を施して $f_A^{-1}\!\left(f_C^{-1}(s_A)\right)$ を作る．

問3　(4)　受信した $f_A^{-1}\!\left(f_C^{-1}(s_A)\right)$ に対して，まず f_A を施し，次に f_C を施すと，

$$f_C \circ f_A \circ f_A^{-1}\!\left(f_C^{-1}(s_A)\right) = f_C \circ \left(f_A \circ f_A^{-1}\right) \circ f_C^{-1}(s_A)$$
$$= f_C \circ f_C^{-1}(s_A) = s_A$$

となる．

(5) 受信文 $f_A^{-1}\left(f_C^{-1}\left(s_A\right)\right)$ を作れる者は極秘の f_C^{-1} を知る「電子署名認証センター」以外にはいないから.

問4　(ア) 秘密鍵で署名文を作成
　　　(イ) 公開鍵で検証させる

問5　$a \equiv b \pmod{m}$ のとき $a-b$ は m の倍数である. また, $c \equiv d \pmod{m}$ のとき $c-d$ は m の倍数である.

　　3° の証明：このとき k を整数として,

$$ka - kb = k(a-b) \text{ も } m \text{ の倍数}$$

　　となるから $ka \equiv kb \pmod{m}$ が成り立つ.

　　4° の証明：$ac - bd = a(c-d) + (a-b)d$ も m の倍数

　　となるから $ac \equiv bd \pmod{m}$ が成り立つ.

　　5° の証明：k に関する数学的帰納法で証明する.

　　　　$k=1$ のとき成り立つ.

　　　　k のとき成り立つと仮定する.

　　　　$a \equiv b \pmod{m}$ および $a^k \equiv b^k \pmod{m}$ を辺ごとにかけることができて,　（4° による）

$$a^{k+1} \equiv b^{k+1} \pmod{m}$$

　　　　となるから $k+1$ のときも成り立つ.

問6　$1 \leq k \leq p-1$ の範囲の整数 k に対し

$$_p\mathrm{C}_1 = p \cdot \frac{(p-1)(p-2)\cdots(p-k+1)}{k!}$$

であるが，p は素数であり分母の $1, 2, 3, \cdots, k$ のどれとも互いに素で約分できないから．

問7　$(1+x)^p - (1+x^p)$

$= \left(1 + {}_p\mathrm{C}_1 x + {}_p\mathrm{C}_2 x^2 + \cdots + {}_p\mathrm{C}_{p-1} x^{p-1} + x^p\right) - \left(1 + x^p\right)$

$= {}_p\mathrm{C}_1 x + {}_p\mathrm{C}_2 x^2 + \cdots + {}_p\mathrm{C}_{p-1} x^{p-1}$

②よりこの式の値は p の倍数となって，①が成立つ．

問8　①で $x = 1$ とおくと　$2^p \equiv 2 \pmod{p}$

$x = 2$ とおくと　$3^p \equiv 1 + 2^p \equiv 1 + 2 \equiv 3 \pmod{p}$

$x = 3$ とおくと　$4^p \equiv 1 + 3^p \equiv 1 + 3 \equiv 4 \pmod{p}$

となり，帰納的にすべての正整数 a について

$\qquad a^p \equiv a \pmod{p} \qquad \cdots\cdots$③

が成り立つ．

問9　③より $a^p - a = a\left(a^{p-1} - 1\right)$ は p の倍数．

a と p は互いに素であるから $a^{p-1} - 1$ は p の倍数で，④が成り立つ．

問10　$221 = 13 \times 17$

素数 $13, 17$ および，$1 \leq x \leq 12$ の範囲の任意の整数 x に対して④を用いると，$x^{12} \equiv 1 \pmod{13}$，$x^{16} \equiv 1 \pmod{17}$

第5章　ＲＳＡ公開鍵暗号

次に，合同式の性質 $3°$ を用いて

$$\left(x^{12}\right)^{16} \equiv 1^{16} \equiv 1 \,(\mathrm{mod}\,13)\,,\quad \left(x^{16}\right)^{12} \equiv 1^{12} \equiv 1 \,(\mathrm{mod}\,17)$$

つまり，$x^{192} - 1 \equiv 0 \,(\mathrm{mod}\,13)\,,\quad x^{192} - 1 \equiv 0 \,(\mathrm{mod}\,17)$

したがって，$x^{192} - 1 \equiv 0 \,(\mathrm{mod}\,13 \times 17)$

$$x^{192} \equiv 1 \,(\mathrm{mod}\,221)$$

さて，$x^5 \equiv y \,(\mathrm{mod}\,221)$ のとき

$$y^{77} \equiv \left(x^5\right)^{77} \equiv x^{385} \equiv \left(x^{192}\right)^2 \cdot x \equiv 1^2 \cdot x \equiv x \,(\mathrm{mod}\,221)$$

となり，⑤が示された.

問11　素数 $31, 241$ および，$31, 241$ と互いに素な整数 x に対

して④を用いると，$x^{30} \equiv 1 \,(\mathrm{mod}\,31)\,,\quad x^{240} \equiv 1 \,(\mathrm{mod}\,241)$

問10と同様に考えて，

$$x^{240} \equiv 1 \,(\mathrm{mod}\,31 \times 241)$$

さて，$x^7 \equiv y \,(\mathrm{mod}\,7471)$ によって暗号文 y を作るとき，

$$y^t \equiv \left(x^7\right)^t \equiv x^{7t} \,(\mathrm{mod}\,7471)$$

これが，$x \equiv 1^n \cdot x \equiv \left(x^{240}\right)^n \cdot x \equiv x^{240n+1} \,(\mathrm{mod}\,7471)$

（ n は正の整数）と合同になる条件は，

$7t = 240n + 1$ となる正の整数 n が存在すること.

このような例として，

$n = 3$ のときの $t = 103$

がある．（他にも無数にある）

あとがき

　本書「味わう数学」の 5 つの章をお読みいただき，ありがとうございました．冒頭の前書きで私は，自分のことを遊歴算家（旅する数学者）と自己紹介をいたしましたが，日本には江戸時代に，遊歴算家と呼ばれる人たちが実在しました．

　江戸時代，関孝和らが活躍していた和算の時代において，数学の担い手は都市部に居住する身分の高い者が殆どであったといいます．一般に数学を学ぶためには，書物と指導者に出会うことが必要ですが，その条件を整えることは困難だったのでしょう．

　江戸時代の後期になると，諸地方の商家や農家などからも数学に熟達した者が多く現れるようになりました．「算額」という研究の記録が残り，数学のノウハウが拡散していったこ

とが窺われます．この要因のひとつとして「遊歴算家」の存在が寄与していたと言われています．日本各地を歩きまわり，行く先々で数学の教授を行った数学者たちが，数学を学ぶ喜びを人々に解放したのです．

　この話を知った私は，平成の遊歴算家として活動しようと思い立ち，現在は令和の遊歴算家として活動を続けています．特に，福島県と沖縄県での活動が活発であるため，そこでの講義録の中から5本の内容を選び，本書に収めることができました．

　本書を通して私は，次世代を担う若者たちに，数学という科目と学問について，「それは世界中に満ち満ちているのだ」，「世界の隅々にまで数学が染み渡っているのだ」ということを伝えたい．そのような思いで本書を執筆しました．

　特に，受験とか学校での成績を上げることを目的とした書物ではありませんが，本書を読んだことがきっかけとなって，数学を学ぶ意欲が高まってくれれば，著者としてこれほど嬉しいことはありません．

令和3年6月
覆面の貴講師
数理哲人

装丁・巻頭　　　　　　　　　　●中村友和（ROVARIS）
本文デザイン, DTP, イラスト　●有限会社プリパス

数学への招待シリーズ

味わう数学

〜世界は数学でできている〜

2021年7月30日　初版　第1刷発行

著　者　　数理哲人
発行者　　片岡　巌
発行所　　株式会社技術評論社
　　　　　東京都新宿区市谷左内町 21-13
　　　　　電話　03-3513-6150 販売促進部
　　　　　　　　03-3267-2270 書籍編集部
印刷／製本 昭和情報プロセス株式会社

本書に関する最新情報は, 技術評論社
ホームページ
（https://gihyo.jp/）
をご覧ください.
本書へのご意見, ご感想は, 以下の宛
先へ書面にてお受けしております. 電
話でのお問い合わせにはお答えいたし
かねますので, あらかじめご了承くだ
さい.

〒162-0846
東京都新宿区市谷左内町21-13
株式会社 技術評論社 書籍編集部
『味わう数学
〜世界は数学でできている〜』係
FAX：03-3267-2271

定価はカバーに表示してあります.

ISBN 978-4-297-12211-9 C3041
Printed in Japan